楽しいミツバチ狩りへ、さあ出発！

著者が40年、ミツバチを追い続けたアーノットの森。

思う存分、ミツバチ達とたわむれたコーネル大学の実験林、アーノットの森の入り口の看板。

無料のランチに集まったハチ達。彼らが狩人を巣へと導いてくれる。

著者のハチ箱。まずはここでハチ達をもてなす。

上：慎重に花からミツバチを捕まえる。中：箱の中にハチを閉じ込める。下：捕えられたハチがガラスの窓から見える。

優しく、そっとハチに印をつける。

中央で尻振りダンスをする１匹の餌採りバチと、その後ろにいる興味津津のハチ達。

ハチ箱の中に置いた巣板に来たハチ達。これを生けどりにして、巣まで道案内させる。

わかりやすい巣の入り口。左：プロポリス（ハチやに）がついている。右：ハチ達がまわりに集まっている。

最新機器（ドローンとカメラ）を使えば、高い場所にある巣も撮影可能に。

野生ミツバチとの遊び方

FOLLOWING THE WILD BEES

トーマス・シーリー●著
小山重郎●訳

築地書館

アーノットの森に棲むミツバチ達に捧げる

まえがき

ミツバチの人気は、ここ数十年間うなぎ上りである。そこで今こそ、この素晴らしい生き物を楽しみとする人々のために、養蜂《ようほう》以外の第二の道が提供されるべき時である。この本の主題は「ハチ狩り」と呼ばれる野外スポーツである。「養蜂家」は彼らが提供する巣箱の中に棲むミツバチの群れを管理するのに対して、「ハチ狩人《かりうど》」は木の空洞やミツバチが選んだ他の場所に棲む群れを探しだす。ハチ狩人は群れを探すために、まず野生のミツバチを花の上で捕まえることから始める。それにはハチ達を、アニス［セリ科の植物］のうっとりするような匂いをつけた砂糖蜜の小さな宝物に餌付けする。次に、ハチ狩人はハチ達が巣に向かって飛ぶ経路から彼らの秘密の巣への方角を見定める。そして、砂糖蜜の餌をハチ達と共に次第に動かして、彼らが家に飛ぶ方向――ハチ道をたどっていく。最後に、ハチ達の秘密のすみかに焦点を合わせる。そこは木の空洞や古い建物、あるいは捨てられた巣箱だ。

これは、全て特別な技術のいるもののように思われる。そのため、人はミツバチ狩りが自分にもできるものだろうか？　と疑うにちがいない。答えはイエス。ミツバチ狩りの成功のためには、世界中の真に魅惑的な他のゲームと同様に、面倒な道具がいらない。しかし、ある特別な技《わざ》は必要である。この本は、ミツバチ狩りのための簡単な道具を手に入れ、技術を組み立てる方法の手引書である。ハチ狩りは、簡単なスポーツではないが、自然の中で時を過ごすのを楽しむ人であれば、根気と決断力が磨かれて、その上、宝探しのスリルを存分に味わうことができる。

ビーラインニング［ハチの追跡］としても知られるハチ狩りは、ヨーロッパ、北アメリカ、中東、そしてアフリカで広く行われてきた。実際、それは人類の歴史と同じ位に古くからある「追跡」である。狩猟採集民として現在まで生きてきた人類は、ミツバチの巣を探し、群れと蜜を奪って食料としてきた。おそらく、野生のミツバチを追跡し、その巣を見つける方法について最も早く記述しているものは、西暦一世紀、ローマ時代の農場主と農業について書いた著者によるものだろう。著者は、ハチの養殖についてのこの本の中で、春にハチを捕まえ、彼らに蜜を与え、そして彼らが「群れが隠れている場所」に帰っていくのを追跡するために一匹一匹放すまでを、楽しく述べている。

ヨーロッパの中では、ハチ狩りは特に東ロシアとハンガリーのような深い森のある地域で一般的に行われていた。そこでは空洞のある木で養蜂をするにあたって、まずハチ狩りが必要であった。森の養蜂家は一匹以上のハチを捕らえるためにさまざまな種類のハチわな——例えば、隙間に動かせる扉をつけ、栓でしまる小さい開口部のある牛の角——を使い、その内側にはハチミツをぬりつけ、それから一時に一匹ずつ彼らを放し、彼らが木の空洞にある巣に帰るのを追った。発見者は彼の所有権をその木の幹に刻みつけ、ハチの巣孔《すあな》に到達するために、木の幹に一つの窓を開け、定期的にその木に登り、いくらかのハチの巣板《すばん》［蜜蠟で作られた六角形の巣房《すぼう》の集まり］を集めた。北アメリカでもミツバチが一六〇〇年代のはじめにヨーロッパから導入されたあと、ハチ狩りが普及した。北アメリカのハチ狩人は、野生の群れを見つけるために、ヨーロッパで何世紀も行われてきたのと同じ方法を用いた。しかし、彼らは、見つけた群れから繰り返しハチミツを収穫することはあまりなく、その代わりに、彼らはハチによって占められた木、「ハチの木」を切り倒してハチの巣を盗むので、しばしば群れを殺した。

ヨーロッパと北アメリカの両方で、一五〇〇年代から一九〇〇年代にかけて、養蜂場に置かれた巣箱による養蜂が次第に普及するにつれて、ハチ狩りの重要性は次第に減った。はじめの頃の巣箱は、ミツバチが巣を作った空洞の木を切って、丸太のまま養蜂家が住居のそばに持ってきたものだった。のちに、群れはこれらの丸太の巣箱から籠（ワラを編んで作った、丸屋根状の巣箱）あるいは単純な箱形の巣箱に入れられた。一八〇〇年代後半に、養蜂家は彼らのハチを、取りはずせる木枠を入れた巣箱で飼い始めた。この木枠は手際よくハチの巣板を支え、彼らの群れを綿密に管理できるようにした。

取りはずせる木枠の巣箱の発明によって、ハチ燻煙器《くんえんき》［煙を出してハチをおとなしくさせる道具］、採蜜用遠心分離機［巣板を壊さずにハチミツを分離する道具］やその他の現代的養蜂用具と共に、養蜂場の巣箱の中の群れは管理できるようになり、野山の木々の間に散らばっている群れを狩るよりも、ハチミツを得るのがはるかに簡単になった。そこで、今では、ハチの木を見つけたハチ狩人は、ハチの木を「奪って」切り倒し、ハチの巣を取り出すために大鎚《つち》で楔《くさび》を打ち込み、ハチミツで満たされた巣板を切り出す必要はなくなった。彼は黄白色の巣板で満たしたバケツを重そうに持つかわりに、別の種類の甘い獲物《えもの》を持ち帰ることができる。その「獲物」とは、日当たりのよい野原に座り、餌付け場から巣に帰ろうと飛び立つミツバチを見つめて、彼らの謎のすみかを発見するために空《そら》の道をたどるという素晴らしい「思い出」である。

ハチを傷つけないで残すハチ狩りは、極めて楽しいハイキングの一つである。狩りは最も古い人間の活動の一つである。そして、野生動物を狩ることは、ごく最近まで一つの素晴らしく価値のある人間の性質であったにちがいない。私がハチ狩りに行く時、獲物を追跡するスリルを確かに感ずる。実際、ハチ道をたどってさまざまな冒険をしたあと、森に棲むハチの群れに近づき、遂に木の巣の中に飛び込むハチの翅《はね》のきらめきを見つけた時、私はいつも成功……大勝利の舞い上がるような感覚を経験する！　そのあと、私は自分の家に向かう。私は、ハチの木を傷つけず、ハチの群れを邪魔することなく残したために、その日でかける時よりもハチミツを多く持っているわけではない。「やった！」の瞬間の目もくらむような歓声のあと、長引くかんばしい成功の感覚と共に、より静かな、しかし同じように楽しい感覚がジーンと来る。それは、ハチを傷つけなかったことへの満足感である。

ハチ狩人は、野生のミツバチが隠れ棲む家を発見する最高潮の喜びの感覚だけでなく、他の報酬も楽しむ。その一つは、巣箱を作る木工細工、地図とコンパス［方位磁石］を照らし合わせる面白さ、ハチの木を見つける野外運動、そして、これまで誰もできなかったことが、うまくできたという喜びである。もう一つの報酬は、仲間に奉仕し、調和の中で共に働くように進化した生き物を見つめることからくる、穏やかで平和な感覚である。全ての養蜂家は溢れるほどの巣箱を開け、数千の住人——一匹の女王、彼女の娘たち（働きバチ）、と息子たち（雄バチ）——が共に平和に生きているのを見る時にこの感覚を味わう。ハチ狩人もまた、ハチ達の調和のとれた統一性を感じる。そして同様に、野生バチが巣板の上で並んで動かずに止まって、彼が提供した砂糖蜜を飲んでいるのを観察する時、静かな満足を感ずる。彼らは豊富な餌を前にして、押しのけたり、争ったりすることはない。彼は砂糖蜜に、はじめは一握りの数の餌採りバチを導くが、最初のハチが、ハチ狩人が提供した贈り物を収穫するのを助けてもらうために巣の仲間を募集すると、この僅かな数のハチが、一時間余りで、しばしば数十から数百匹に増える。この小さい昆虫が、草の種よりも小さい脳を持ちながら、どのようにして、それほど効果的に助け合うことができるのだろうか？ そして、彼らの家とハチ狩人の餌場の間の一・六キロメートル以上もの丘と平地を横切って行ったり来たりする時に、彼らは、なぜ迷わないのだろうか？

ハチ狩りをする誰もが、じかにハチ達の努力を見ることができる。それは神秘的であり、特に彼らの交信と航行能力は驚くべき自然の賜物である。ハチ狩りに行く者への最大の報酬は、帽子に止まった一匹のハチを見つめ、この驚くべき六本脚の美しいものが、私たちの惑星に花を咲かせ実りをもたらすのを、ゆっくり考えられることである。また、他の者にとって、ミツバチの野生の群れを狩ることの最大の喜びは、身体と精神の両面でわずらわしい物事へのこだわりから逃れられる素晴らしい方法だということである。ある週末の朝、野の花に満ちた日当たりのよい野原にいて、餌から飛び去るハチ達を目で追いかけ、彼らが間もなく帰ってくる姿を思い浮かべる時、日頃の仕事や、その他の個人的なストレス、よい事も悪い事も大事な事も取るに足らない事も容易に忘れられる。なぜならば、この惑星の上で、最も驚くべき生き物であるハチが全注意力を鷲掴みにするからだ。

人々の頭の中にあるミツバチについての懸念は、これらの魅惑的な昆虫は小さく可愛いけれども、人に猛烈なパンチを浴びせるということであろう。そこで、ハチ狩りの間に刺される危険があるのではないかと疑われるにちがいない。ハチ狩人が砂糖蜜の餌を見張り、観察する間、ハチ達は彼のまわりでブンブンいうであろう。これは、このスポーツの初心者をおびえさせるだろうが、私はハチが餌採りをしている間には刺される危険はないと強く述べることができる。ハチ達は彼らに無料のランチを振る舞う人間に対して、全く友好的である。彼らは、もし天敵のスズメバチに襲われた時には、これを排除しようと戦うだろう。しかしハチ達はハチ狩人を刺すいかなる理由も持っていない。そして、私は約四十年のハチ狩りの中で一度も刺されたことがない。折り畳みの椅子のひじかけの上で休んでいる一匹のハチの上にむきだしの腕をおろすとか、顔の近くを飛んでいるハチをピシャリと叩くというような不注意なことをした時にのみ人は刺される。初心者にとってそれは信じられないように見えるだろうが、そういうことさえなければ、実際上ハチ狩りの間に刺される危険はない。

ハチ狩りについて最初に強調すべき、もう一つの常識がある。これは男性と女性の両方にとって同じように楽しく、ふさわしいスポーツだということである。この本の中ではハチ狩人を「彼」と呼ぶが、これは単に読みやすいようにしているだけである。それ故、この本の「彼」、「彼に」、「彼の」はまた「彼女」、「彼女に」、「彼女の」を含むものである。

この本は、ハチ狩りスポーツへの案内であると同時に、私は会うことはできなかったが、ミツバチの野生の群れをいかにして見つけるかを教えてくれた、一人の紳士に対する私の感謝の気持ちをあらわすものである。その技によって、ミツバチが自然の中でいかに生きているかについての私の科学的研究は大いに助けられた。その人はジョージ・H・エドゲル（一八八七－一九五四）である。彼はハーバード大学の教授で、ボストンのファインアート美術館の館長であり、建築学の歴史に関する三つの画期的著作の著者である。これらは全て素晴らしい業績である。けれども、私の彼に対する感謝は、むしろ控えめに行われた著作に対するものである。彼は『ハチ狩人』と題したハチ狩りについての小さい本を晩年の一九四九年に出版した。彼はその時まで、ハチ狩人としておよそ五〇回の夏を過ごし、一九五四年に亡くなったわずか二年後に、私が生まれた。だから、当然、彼と私は別々に仕事をした。しかしもし同じ時代に生きていたら、きっと一緒に仕事をしたことであろう。

私たちは共にニューイングランドとニューヨークの木の繁った丘でハチ狩りをして、幾ダースものハチの木を見つけた。私たちはまた共に、ハチ狩りについて小さい本を書くことによって、この技術について学んだことを分かち合ってきた。彼が万年筆で最後の修正をし、『ハチ狩人』のタイプされた原稿を私が見たということは、奇跡である。ところで、この原稿はコーネル大学のマン図書館の地下特別収蔵庫の中に保管されている。最後に、私は極めて特別な『ハチ狩人』の本を持っている。これは、エドゲル博士が一九五〇年頃にカール・フォン・フリッシュ［オーストリアの動物行動学者］が有名なミツバチの尻振りダンスを解読したすぐ後に、彼に与えたものである。このダンスは餌採りに成功したハチが巣箱に戻って彼女の餌採り仲間に、甘い蜜や新鮮な花粉を持つ花をどこで見つけたらいいかを教える行動である。この特別な本の最初の頁には、エドゲル博士が次のような献辞を書いている。「カール・フォン・フリッシュ博士へ。一人のアマチュアからの偉大な科学者への尊敬をもって。G・H・エドゲル」。フォン・フリッシュ教授は彼の死の少し前の一九八二年に、一番弟子のマルティン・リンダウアー教授［ドイツの動物行動学者で、この本の著者の師］にこの本を手渡し、教授はその後、二〇〇二年に私にこの本をくれた。私はおそらく二〇二二年に、これをコーネル大学の図書館にあずけ、マン図書館の特別収集物の一部となるであろう。そうすれば、オーストリア―ドイツ―アメリカと世界をめぐったこの『ハチ狩人』の本は、愛すべき「幼虫時代」であるエドゲルの記した原稿のそばで最も快適に落ち着くことだろう。

エドゲルによる『ハチ狩人』と、本書の他に、ハチ狩りの活動を述べたさまざまな本がある。あるものは、ジェームズ・クーパーによる『樫の穴』（一八四八）と、クリストファー・ブラントによる『ハチ狩人』（一九六六）のような小説である。これらの物語本には、いかにハチ狩りが行われるかについて極めて単純な記述がある。それはおそらくハチ狩りについての、また聞きか孫引きだからであろう。この主題のノンフィクションは沢山あり、その中にはジョセフィーヌ・モースによる『ハチ道を追って』（一九三二）、アンドリュー・J・スミスによる『アパラチア年代記』（二〇一〇）がある。また、決してハチ狩りに行ったことのない人々によって書かれたものにも悩まされる。彼らが述べた方法に従っても誰もハチの木を見つけることはできない。

一方、実際にハチを狩り、ハチの木を見つけた著者によって書かれた数多くの本がある。その中にはジョン・S・バロウズによる『鳥とハチ』（一八七五）、ジョン・R・ロッカードによる『ハチ狩り』（一九〇八）、ジョージ・H・エドゲルによる『ハチ狩人』（一九四九）、そして、ロバート・E・

ドノバンによる『野生ハチを狩る』（一九八〇）がある。私の本はこのグループに入る。なぜなら、ニューヨークとニューイングランド、さらにタイのジャングルに覆われた山地のようなはるかな土地での、さまざまな場所におけるほぼ四十年にわたるハチ狩りの経験に基づいているからである。何年もかけて、私はミツバチの五〇以上の野生の群れを追跡してきた。ベテランのハチ狩人によって書かれた小さい本のキラ星のような群れの中で、私の本が、頼りになる「ハウツー［手引き］」本にとどまらず「ハウカム［どうして？］」本であることによって明るく輝くことを望みたい。言いかえれば、ハチ狩りの方法を述べる他に、各章の終わりの「生物学の部屋」の中で、ミツバチがハチ狩人を彼らの家まで案内する時の、めざましい行動の技について、生物学者たちが学んだことを報告しよう。つまり、私はハチ狩りを行うにあたっての「いかに」と「なぜ」を示したい。

私は多くの人に感謝しなければならない。最大の感謝はこの本を書くというアイデアを与え、それを追究することを私に強く勧めてくれた友人で、ハチ狩り仲間のメーガン・E・デンバーに捧げる。彼女は、ハチ狩りについての文献調査、写真の撮影と編集、本のデザインの計画などで、そのインスピレーションと励ましをいつも豊富に与えてくれた。メーガンのパートナーであるジョリック・フィリップスがアーノットの森の野外写真について助けてくれたことを同様にありがたく思う。この本の全ての線画を作ってくれたマーガレット・C・ニコルソンにも深く感謝する。グラフ用紙に描いた私のスケッチを彼女がくっきりしたコンピュータ画像に変換する技術は、この本の視覚的魅力を裏打ちするものである。

私はまた幾人かの野外生物学者の仲間にも深く感謝する。彼らとの研究と友情は、私が野生のミツバチの群れを研究してきた四十年以上、インスピレーションの源であった。特に私のハチ狩りの最も初期の仲間である、カーク・ヴィッシャーに感謝する。彼はハチ狩りのための単純だが効果的なハチ箱［ハチを捕まえて放すための箱］をデザインしてくれた（第1章参照）。そして彼は一九七八年に私がハチ狩りの技術を学び始めた時の、「研究相棒」でもあった。私はまた、アーノットの森に暮らす野生のミツバチの群れを研究する時に助けてくれた幾人かの学生に、心からの感謝を述べたい。それはクース・ビスメイジャー、バレット・クライン、デイビッド・タルピーとミカエル・スミスである。特にショーン・グリフィンはハチ狩りの全くの名人だった。また幾人かのコーネル大学特別研究員からも恩を受けている。その中には神経生物学行動学科の親しい同僚であるポール・シャーマンがいる。彼とは自然の動物への研究愛を共有している。そして、自然資源学科の友人、ピーター・サマリッジ（アーノットの森の所長）とドナルド・シャウフラー（アーノットの森の管理人）は、私がアーノットの森で極めて多くのことを望んだにもかかわらず、私の研究をいつでも、どこでも、いくらでも許してくれた。この小さい本が、この壮大な森林の特別な価値についての素晴らしい報告となることを望んでいる。

私の感謝はコーネル大学農業試験場にも及ぶ。その何年もの経済的支援は、アーノットの森の野外に棲むミツバチの群れについての私の研究を支えてきた。

次にあげる人々に深く感謝する。その中にはアン・チルコット、バーンド・ハインリッヒ、マリア・シーリー、ロビン・シーリー、そしてマーク・ウィンストンがいる。彼らは初期の原稿に極めて価値のある意見を述べてくれた。三枚の昆虫写真を贈ってくれた写真家――ヘルガ・ハイルマン、ケネス・ローレンセン、アレクサンダー・ワイルド――はハチの接写写真を提供してくれた。それは生命の物語を述べるために素晴らしい助けとなった。これらの三人の方々と、ヘンリー・デイビッド・ソローのハチ狩りについてのイメージを提供してくれたニューヨーク市のピアポント・モルガン図書館の助力に対して、私は特別の感謝を述べる。

プリンストン大学出版局のスタッフに対して、私は大きい恩義を受けている。生物学と地球科学の編集者であるアリソン・カラットからは幅広い読者のためにねばり強い執筆指導を受けた。私はまた、ベッツイ・ブルメンタール、ネイサン・カー、カルミナ・アルバレスが私のちらばった原稿を管理し、それを素敵な本に仕上げる方法を見つけてくれたことに対しても感謝している。最後に私はパトリシア・フォガティの原稿を編集する上でのたゆまぬ努力に対して深くお礼を申し上げる。

この本を出版することに貢献された全ての人々に、私は心からの感謝を捧げる。

ニューヨーク州イサカ

トム・シーリー

野生ミツバチとの遊び方　目次

第1章　ハチ狩りとは

この本はハチ狩りについて書いたものである。――それは、魅惑的な野外スポーツだ。ミツバチがブンブン飛んでいるお花畑を見つけ、ハチを捕まえ、贅沢な餌を与え、そのハチ達を一ダースほど放してやる。それから簡単な道具を使って、しかし精巧な技をもって、一歩一歩、家に戻るハチを彼らが飛ぶ方向に向かって追いかける。ハチ狩りは限りなく変化に富むスポーツだ。もし、都市郊外の地域や農場のある田舎のようなところで、養蜂家の巣箱で暮らしているハチの群れを狩ることを始めるならば、当然誰かの養蜂場に行き着くであろう。しかし、もし、もっと野生的な場所、例えば人里離れた山の間を走る道路から狩りを始めるならば、おそらく深い森の間のハチ道［ハチが飛ぶ経路］をたどって行くことになる。ハチ達はまわりの何千という木々のうちのたった一本の木に向かって帰っていく。それが野生のミツバチの群れの秘密のすみかなのだ（図1・1）。この野外ゲームには、スポーツにとって望ましい、ほとんど全てのことが組み合わされている。つまり、お金のかかる道具はいらない。一人でもグループでも遊ぶことができる。筋肉と脳の両方が訓練され、技と持久力が必要とされ、スリルがあり、ちょっとした失望、あるいはうきうきした勝利の喜びのいずれかで終わる。

図１・１　幹の左に見える巣の入り口となる節穴のあるハチの木。

ハチ狩りにおける最大のスリルは、深い森の中の堂々とした木の中に棲んでいるハチの野生の群れを見つけ、その一風かわった節穴に、きびきびと出たり入ったりするハチの大混雑を眺めて群れの活力を感ずることである。私はこの経験をする時にはいつでも、アルド・レオポルドの古典的な自然への貢ぎ物である、『野生のうたが聞こえる』（新島義昭訳：講談社）［レイチェル・カーソンの『沈黙の春』と並ぶ二十世紀の最も重要な環境についての本］の「野生のものごと無しに生きることができる人と、できない人がいる」という緒言を思い出す。多くの養蜂家のように、私は巣箱で養っているミツバチの群れが好きである。それは彼らを容易に観察し研究できるからだ。しかし、私は森の中で生きているハチの群れを愛している。彼らは自分で木の空洞の家を選び、それに合わせて巣板（図1・2）を作り、全ての栄養をまわりの野山の花から集め、彼らの生存を脅かす全ての捕食動物や病害と自分たちだけで戦う。つまり、これらの野生の群れは、ミツバチという生物の素晴らしい一連の構造的、生理学的、行動的適応の上に完全に成り立っているのである。

ミツバチには、養蜂家の巣箱に棲む管理された群れと、木の空洞、岩の裂け目や建物の壁に棲む野生の群れがある。管理されたミツバチと野生のミツバチはいくらか異なる生活を送っている。前者はハチミツと花粉を生産するように人によって誘導されており、後者は彼らの生存と繁殖がどうなろうと人から放っておかれる。しかし、両者は実際には同等である。これら二つのグループのメンバーは形態、機能、行動がよく似ているが、それは二つのグループが遺伝的に同じ遺伝子構成を持つからである。この遺伝的類似性は、管理された群れと同じ地域に生きている野生の群れの間で、頻繁に遺伝子が交換される結果である。この二つのグループの間でなぜ遺伝子交換が起きるかというと、一つは養蜂家の巣箱に棲む群れが分蜂《ぶんぽう》［群れの一部が女王と共に巣から飛び出して新しい巣を作ること］を起こして逃げ出し、野外で生きるようになるためであり、もう一つは、自然のすみかに生きている群れも分蜂群を作り、それを養蜂家が捕まえて彼らの巣箱に納めるからである。

管理された群れと野生の群れの間の遺伝子の交換は、第二のよりショッキングな方法、すなわちミツバチの奇妙な性的行動によっても行われる。おのおのの女王バチは彼女の家から六・四キロメートルほどの範囲に棲む、近所の群れから出てきた一五〜二〇〇匹の雄と空中で交尾する。女王バチのこの

図1・2　図1・1に示したハチの木の内部の巣。巣の入った木の幹を裂いて、蜜（上方）と蜂児《ほうじ》［卵、幼虫、蛹］（下方）を含む巣板を出したところ。部屋の左側、巣の下から約3分の2上がったところに入り口がある。全体の巣の高さは1.5メートルである。

恥知らずな乱交は、女王の雌の子供——働きバチ達——の間にある高い遺伝的多様性が群れの健全さにとって絶対に必要であるために進化したものであるが、今では、同じ地域に棲む管理された群れと野生の群れの遺伝子を交ぜる効果がある。ついでながら、管理された群れと野生の群れの間の、この広範な遺伝子流動があるために、人間が犬、馬、羊の家畜化において行ったような選択的育種によって、ミツバチの個別の品種を育てることができなかったのである。

ミツバチの飼育は中東で始まり、少なくとも九千年の間続いてきたが、まだ、この昆虫が基本的に野生動物であることは驚くべきである。養蜂家の巣箱に棲むミツバチは、彼らの野生の仲間と同じような姿をし、同じように行動する。実際、彼らは木の空洞の中で、作られた巣箱の中と同じように安住し、彼らだけで生存することが全く可能なのである。

ヘンリー・ソローとハチ狩り

「フェアヘーヴンポンドへハチ狩りに」という短い文章は、ヘンリー・デイビッド・ソロー［アメリカの作家、詩的自然主義者で人間と自然の関係をテーマにした『森の生活』で有名］のやや大げさな賛美をもとに書かれている。ソローは頻繁にハチ狩りをやったわけではない。しかしながら、彼はそれがいかになされるかを極めて詳しく、正確に書いている。ソローのハチ狩りの案内は二〇〇万語の日誌の中に書かれている。この日誌は、彼がハーバード大学を離れて間もない一八三八年から、彼の死の一年前の一八六一年まで毎日、考え、見て、そして感じたことを記録したものである。ハチ狩りへの特別な関心の始まりの記述は一八五二年九月三十日にある。それは次のように書かれている。

図1・3　1852年9月30日のソローの日誌の書き込みの始まり。それは，次のように読める。「10時、フェアへーヴンポンドへ——ハチ狩り。プラット、ライス、ヘイスティングスと私が荷馬車に乗る。最も寒い夜と最も厳しい霜のあとの快晴の日。道具は、まず直径約11センチ、深さ約4センチの丸いブリキの缶で、その中に同じ大きさと形の巣板を上から0.8センチまで詰めたものである。」

「午前十時、フェアヘーヴンポンドへ——ハチ狩り。プラット、ライス、ヘイスティングスと私が荷馬車に乗る」（図1・3）。それは八頁にわたり、ソローのその年の全記述の中では長い方である。このハチ狩りスポーツの信頼できる紹介文には、ソローが聞いてはいたが、見たことがないものは含まれていない。そこには風聞はない。ソローは彼がその「晴れた日」に見たもの、彼がやったことだけを詳しく、話すように書きとどめている。その時、彼と仲間のヘイスティングスは二人のハチ狩人、マイノット・プラットとルーベン・ライスと共に荷馬車に乗り、マサチューセッツ州コンコードの村の中心からさらに三・二キロメートルほど南にあるフェアヘーヴンポンドのそばの野原へ乗り出した。

ソローはハチ狩人の最も重要な道具である、ハチ箱の記述から始める。これは、通常は木製の二つの部屋のある小さい箱であり、毎回、狩りの最初の段階においてとても役に立つ。その時、ハチ狩人は餌を探す一ダースほどのハチに、花を訪ねているように思わせなければならない。その代わりに無料のランチを受け入れてもらうようにする。代わりのランチは通常、一片の古い巣板であり、薄めたハチミツか砂糖蜜にアニスのエキスで軽く匂いをつけたもので満たされている。ソローの仲間が使用したハチ箱は「直径約一一センチ、深さ約四センチの丸いブリキの缶で、その中に同じ大きさと形の巣板を詰めたもの」と木製の箱で、箱はブリキの缶の上に置かれた。ソローは、ハチ狩人が最初に何匹かのハチを木製の箱の中に捕らえ、そのあとこの箱をブリキの缶の上に置き、木製の箱の底に開いている逃げ口を静かに開いて、そこから捕らえられたハチが這い出し、その下にある、たまらないほど魅惑的な餌を見つける様子を語る。二、三分後、木製の箱はブリキの缶から静かに持ち上げられ、ハチ達はそれぞれが十分に蜜を飲んだあとに家に自由に飛んで帰ることができる。

ハチ箱を手にした時に、ハチ狩りを始めるばかりになる。ソローは彼らがフェアヘーヴンポンドの花の上のミツバチを探したが、何も見つからないと述べている。アキノキリンソウ（*Solidago* spp.）の花は前夜のきびしい霜でしおれ、紫アスター（*Aster nova-angliae*）の花はまばらであった。昼食を食べたあと、四人の男たちはウォールデンロードのそばの村へと引き返した。彼らがウォールデンポンドに到着した時、道ばたから池に下る日の当たった斜面の上に咲いている、瑞々しい新鮮なアキノキリンソウと紫アスターの花に注目した（図1・4）。これらの花のまわりでは「ハチのブンブンという音が鳴り響いていた」。チームは速やかに一ダースほどのミツバチを捕まえ、それぞれのハチがプラット（またはライス）のハチ箱から薄めたハチミツを飲んだあと、それらを放した。ハチ達は三方向へ飛び去ったが、これは全て、ハチの群れが棲んでいるのを人々が知っている巣箱のある場所であり、野生のミツバチの群れの森の家に向かうものではなかった。

プラットはハチ達が行く場所におそらく失望しただろう。なぜなら、彼は野生のハチの群れは最初の発見者にとって、真の宝をもたらすことを知っていたからである。実際彼はソローに、この年のはじめにそのことを話していた。一八五二年二月十日の彼の日誌には、彼がフェアヘーヴンポンドのそばのツガの木でハチの群れを発見したことが記されている。彼はまた次のように書いている。「プラットが言うには……私はその群れのおかげで五ドルと、おそらく相当な量のハチミツを得るだろう」。けれども、ソローは九月の晴れた日を、ハチ狩りで費やしたことについて失望してはいない。実際、彼はこの日についての感想を要約して次のように書いている。「私はこの経験でより心が豊かになったことを感ずる。私が歩く道にいる昆虫は怠け者ではなく、それぞれの特別な使命を持っていることを教えられた。この世界はただ単に漠然としたものではなく、この時間に、それぞれの昆虫は働いている。もしそうなら、丘の斜面で咲いているいかなる甘い花も、森と村の両方にいるハチ達には知られている。植物学者が何時に花が開き、何時に閉じるかを知っているなら、ハチにも興味を持つべきである」

図1・4　紫アスターから蜜と花粉を集める働きバチ。

ソローの十九世紀半ばのニューイングランドでのハチ狩りの記録は、スポーツとして述べられたものではないが、詩的自然主義者として、コンコードから遠く離れた、人が住まない道、野原、森、湿地、池で、野生の生きものを、なるべく一人で見つけては楽しんだようすが書かれている。ソローのように、おそらく特に一人で自然を観察することを楽しむハチ狩人は、ハチ狩りのスポーツが人を静かで自然の美しさに満ちた場所に導くことを知っていた。そこは、ハチが彼らの隠れたすみかに戻るようすを追跡しなければ決して見つけることのできない場所である。

ソローはまた、金をかけずに、人の手と簡単な道具だけで、計画を達成することを好んだ。例えば、彼は一八四五年にウォールデンポンドのそばの小屋をかなり安い金額の二八ドル一二セント半で建てたが、その時（ソローの日誌で誇らしげに記録しているように）、ハーバードでの一室の貸部屋の年間家賃は三〇ドルであった。彼は、製材所に行って小屋の敷居、隅柱、間柱、垂木《たるき》に必要な材木を買うよりも、一本の斧を借りて、それを使って若いストローブマツを倒し、それを家の材木に切り分けることによって、この節約を行った。ハチ狩人が時計、コンパス、木切れ、大工道具をすでに持っていれば、このスポーツは二八ドル一二セント半以下の出費でできるであろう。

ハチ狩人になる

私はハチ狩りの基礎を、ソローのようにマサチューセッツ州に住む一人の老人から学んだ。彼の名前はジョージ・H・エドゲル博士であった。彼はハーバード大学の建築史の有名な教授であり、またニューハンプシャー州の避暑地では熱心なハチ狩人であった。ニューヨーク・タイムズの一九五四年六月三十日の彼の死亡記事は、彼の経歴を述べているが、それによれば彼は四冊の本を書いている。それは『建築の歴史』、『今日のアメリカの建築』、『シエナの絵画の歴史』、そして『ハチ狩人』（図１・５）である。最後のものは四九頁のこぎれいな小さい本で、ハーバード大学出版局によって一九四九年に出版された。

『ハチ狩人』は一つの宝石である。その中で、エドゲルは彼自身を五十年の経験を持つ成功したハチ狩人であると紹介している。また、彼は第一頁で、この本を書くことにした主な動機は、ハチ狩りについてのさまざまな本と記事を読んで感じたいらだちである、と説明している。それらの本の「全て」が、決してハチ狩りに行ったことのない人々によって書かれていたからである。彼らに直接の経験が無いことを示す隠すことのできない徴候は、彼らが述べた方法ではうまくいかないところにある（エドゲルはソローの日誌については知らなかったようである）。私はエドゲルが「今やハチを狩り、ハチの木を見つけた者の誰かが事実を書く時だ」と書いているのを見て、彼がペテン師へのいらだちをほんの少し漏らしていると思った。

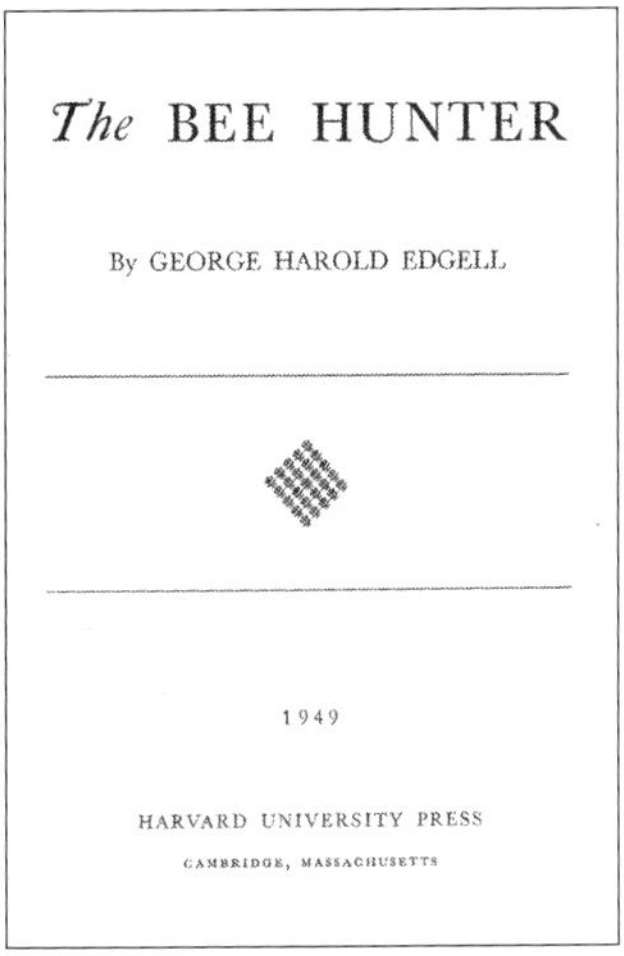
The BEE HUNTER

By GEORGE HAROLD EDGELL

1949

HARVARD UNIVERSITY PRESS

CAMBRIDGE, MASSACHUSETTS

図１・５　『ハチ狩人』の表紙。

エドゲルは彼自身について読者に紹介し、このスポーツを十歳で始めたことを次のように説明する。「私は一人の老いたアディロンダッカー［アメリカ、ニューヨーク州アディロンダック山地の先住民］によってハチ狩りの手ほどきを受けた。この人はニューハンプシャー州ニューポートの彼のおじいさんのラバを駆ることに熱中していた。私はこの人をジョージ・スミスと呼ぼう。彼はエドゲル少年にとってポール・バンヤン［アメリカの伝説上の怪力の木こり］のように、途方も無い人物であった。彼はウイスキーをストレートで飲み、タバコを吸い、同時に嚙みタバコも嚙み、口からパイプを放さないでつばを吐くことができた。彼は罰当たりにも銃身を分解することができた。その上に、彼は最も親切で気前のよい人であり、神あるいは悪魔と呼ばれる以前に有力なハチ狩人であった」

私は一九七八年の夏に『ハチ狩人』を発見した。その時、私は生物学の博士号をとってニューヨーク州イサカに近い実家に帰っており、新しい研究テーマを探していた。私はこれまでミツバチに熱烈に興味を持ってきた。そして博士論文を書くにあたっては、私はミツバチの群れの餌採りバチが、将来の巣作りのための空洞を評価する方法を明らかにしようとしてきた。そして、私は、これからもハチと共に生きて行くことに何の疑問も無かった。そこで、これらの美しい小さな生き物が養蜂場で人に管理されているよりも、野生の群れとしてどのようにして生きているかを、もっとよく理解したいと思っていた。私はアピス・メリフェラ（*Apis mellifera*）［セイヨウミツバチの学名］が、いかに自然環境で生きているかを学ぶのでなければ、その生理、行動そして社会的生活がいかに自然界に適応しているかを真に知ることは決してできないと思っていた。

養蜂家が彼らのハチ達に押し付けている、最も目立った環境的変化の一つは、養蜂場における群れの密集状態である。北アメリカにいるミツバチのもともとのすみかであるヨーロッパでは、この変化は西暦二〇〇〇年頃に始まった。その時、人々は木の空洞に棲む群れを「狩る」ことから、目的を持って作られた巣箱の中の群れを「養う」ことへ切り替え始めた。巣箱は最初、単純な孔のあいた丸太であり、後にこれが籠にかわった。この切り替えはミツバチの群れを一緒に養蜂場に押し込めることができるようにし、もちろん、人間にとって養蜂をより実用的なものとした。不幸にも密集した条件の下で生きることは、ハチの生活をつらいものにした。それは人間でも同じである。養蜂場でぎゅうぎゅう詰めにされて生きるミツバチの群れは、食物をめぐる競争、蜜を盗まれることが多くなることや感染性の病気にかかるリスクの増大に耐えなければならない。

私はまた、管理された群れと野生の群れでは、群れと群れの間隔が、驚くほど違うことを危ぶんでいた。養蜂家（私を含む）は通常、ハチの巣箱を〇・六から〇・九メートル離す。一方、私はドロシア・ガルトンの画期的な本『ロシアにおける養蜂の一〇〇〇年の観察』を今読んでいるのだが、その中で、彼女は中世のロシアにおいてニジナ・ノヴゴロードの町のまわりの森の木に棲むミツバチの密度は、一平方キロメートル当たり約二群にすぎないと述べている。それは、群れの間の平均距離が約〇・八キロメートル以上であることを意味する！　私は北アメリカの森の中に棲む野生の群れの間隔もまた、それほど広いかどうかを知りたくなった。

コーネル大学のあるイサカに帰ることは素晴らしかった。なぜならば、そこは私の疑問に答えを見つけるための理想的な自然環境に近いことを知っていたからである。イサカの二二・四キロ南西にはコーネル大学が所有する一八〇〇ヘクタールの実験林、アーノットの森がある（口絵2ページ上）。アーノットの森の隣にはニューフィールドとクリフサイドの州立林を含む起伏の多い土地があり、それらもまた多くが森林でニューヨーク州によって保護されてきたか、あるいは過去百年の間、農耕が放棄されていたかである。全地域は野生ミツバチを含む野生動物の研究にとっては自然の楽園である。私は二、三年前にアーノットの森に恋をした。その時、私は森の中に異なる大きさのわなの巣箱（ミツバチの群れを捕まえるために木につり下げた巣箱）を仕掛けた。それは、巣を作るためにハチが好む容積を知るためであった。そしてその日まで、それは私の好きな屋外での狩りの一種であった。しかし今度は、アーノットの森に棲むミツバチの群れの巣の分布地図を描くことができるかどうか、そして、広大な、丘の多い、森の空間を彼らはどのようにして分散するのかについて知りたいと思うようになった。

まずはハチ狩りについて読むことから始めた。マン図書館――コーネル大学の生物学、農業、そして応用社会学のための巨大な図書館――の蔵書カードを急いで探すと「ハチ狩り」の表題のもとで二冊の本が出てきた。

私が図書館の書庫から引き出した最初の本は、薄い七二頁のペーパーバックで私の手よりも小さく、その大きさにもかかわらず、完全な手引書にちがいないことを暗示させた。それは『ハチ狩り：ハチ狩人のための価値ある情報の本――いかに木までハチを追跡するか、など』で一九〇八年に発刊され、ジョン・R・ロッカード（一八五八－？）によって書かれたものであった。ロッカードは親切な紳士で、ウエストバージニア州、ケンタッキー州あるいはテネシー州のどこかに住んでいた。彼は緒言の中で、彼の本は「四十年間、自然の教室で」得たハチ狩りの知識を蒸溜したもので、「男らしい娯楽のための願望を教え込み、（読者の）生活をより明るくする」ために書かれたものと説明していた。彼のこの二つの目的は私に対しては完全に成功していた。なぜなら私はこの本を読み終えて、いっそう狩りに出かけたくなり、その成功についてより楽観的になったからである。私はハチ狩人の技の幾つかについて学んだ。その中には群れの隠れた家の近くにいると思った時には、全ての木、切り株あるいは丸太を詳しく調べることが大切であること、また、大きい森林の中の開墾地で観察をしなければならないこと、餌から一匹のハチが家に向かって飛ぶ道は必ずしも直線コースではないこと、そして、流れや森の中の湿った場所で水を集めるハチを発見することは最も幸せであり、これは群れが近くで生きていることを証明すること、などである。

しかしながら、ロッカード氏は、一度そのおおよその方向を決めたあと、いかにして一本のハチの木を発見するかについては、あいまいな記述しかしていなかった。また、ハチを誘惑する匂いを作り出すために、火をつけて平らな石を暖め、巣板の小片を溶かすことや、ハチ達に魅惑的な無料のランチをさしだす技術の他には、彼の本をいくら読んでみても、アーノットの森の中でハチの木の地図作りを成功させることはできそうになかった。私はまだ、ハチ追跡のメカニズムについて明瞭なイメージを持つことができなかった。私はその時、アーノットの森のまじめな管理人であるアル・フォンタナ氏に出会ったが、彼は、もし私が、ロッカード氏の言うように、「彼の」愛する森のあちこちで火を点したりしたら、私を捕まえて、その場所から永久に追い出したことであろう。

マン図書館でその朝、私が発見した二冊目の本はジョージ・H・エドゲルの小さな傑作、『ハチ狩人』であった。それを書架からひきだしたあと、ほとんどすぐに、私は探していた手引書を見つけたと思った。四五頁の手引書の中に一枚の（ハチ箱の）線画と、七枚の白黒写真があり、どのようにしてハチ箱を作るか、その他のハチ狩りの時に役に立つ諸道具は何か、ハチ狩りが成功する季節はいつか、どのようにしてハチの巣への追跡をするか、ハチ道に沿ってハチの家に到着するまでの一連の動きをいかに実行するか、ハチが生活している特別な木を発見するための究極的な方法は何か、そして、いかに木を「奪うか」（木を切り倒して蜜をとりだすこと）をエドゲルは説明していた。その日、私はこの楽しい小さな本を少なくとも四回くりかえし読んだ。それは、一つはエドゲルの素晴らしく詳しい指導をよりよく吸収するためだったが、もう一つは彼の魅力的な書きっぷりを読むのが楽しかったためでもある。例えば、彼はハチの餌の砂糖蜜に匂いをつける時に用いるアニスのエキスを、いかに「控えめに」使うべきかについて次のように述べている。「私が控えめという時、普通に言葉が意味する以上のことを指している。アニスエキスの瓶のコルク栓を巣板の上にこすりつけ、それから舌でこの巣板を舐めると、目的のために十分なアニスエキスが供給される。あまり多いとハチは飲みすぎて吸うのを止め、アニスを探してブンブン飛び回り、最後に花から離れる」。この日の午後、私は行動を起こす準備ができたことを知った。

はじめてのハチ狩り

私は一九七八年の夏にイサカに帰った時、実家で過ごした。そしてダイス・ミツバチ研究室で働いた。ここはコーネル大学昆虫学部の一部であった。私は近しい友人であるカーク・ヴィッシャーと一緒だった。彼は昆虫学の大学院課程に進むためにコーネル大学に移ってきたばかりであった。私たちはハーバードで一緒に学び、私はカークの修士論文のための研究の面倒を見た。私たちはミツバチに関する重要な秘密について論じ、それを研究に生かそうとした。カークと私は共に高校時代にミツバチに魅惑されるようになった。そして私たちは彼らの行動と社会生活についての刺激的な疑問に取り組むことに熱心だった。私は野生のミツバチの群れと群れの間隔についての疑問に答えるために、（できれば）飛び抜けたハチ狩人になるという計画をカークと共に立てた。私はまた、エドゲルの魅力的な小さい本の発見も誇らしく彼に伝えた。

次の朝には、うらやましいほど理知的で、道具を作る才能があるカークはこの本を読んで、一つのハチ箱を作っていた。それは、『ハチ狩人』の中でエドゲルが示したものを参考にして作られたものであった。しかし、そのデザインはよりシンプルであり、それ故、作るのもより簡単だった。そして、それは、ちょうどエドゲルのものと同じように機能するのだった！　それはとてもよいデザインだったので、その夕方にカークのデザインをもとに三十六年前に作られた丈夫なハチ箱を、私は今もなお使い続けている。

ハチ箱には二つの部屋がある。それらの部屋は垂直にスライドする中仕切り板を動かして、開けたり閉じたりできる口で繋がっている（図1・6）。前の部屋は蝶番のついた扉で外側に開くようになっている。扉の蝶番は、ハチを捕らえてぴしゃっと閉める時に、扉をあらあらしく扱うのに耐えうるように、扉と箱の底の両方にしっかりと止められなければならない。

後ろの部屋は、後方の壁がガラスか透明のアクリル製プラスチックで作られ、必要な時に持ち上げられる木製のカバーで覆われている。これは後ろの部屋に光を入れるためのものである。餌を探すハチがいる花のまわりで、前の部屋にハチを捕らえ、扉をぴしゃっと閉めたのち、スライドする中仕切り板を持ち上げる。ハチは後ろの部屋にある窓からくる光に向かって逃げようとする。それから、中

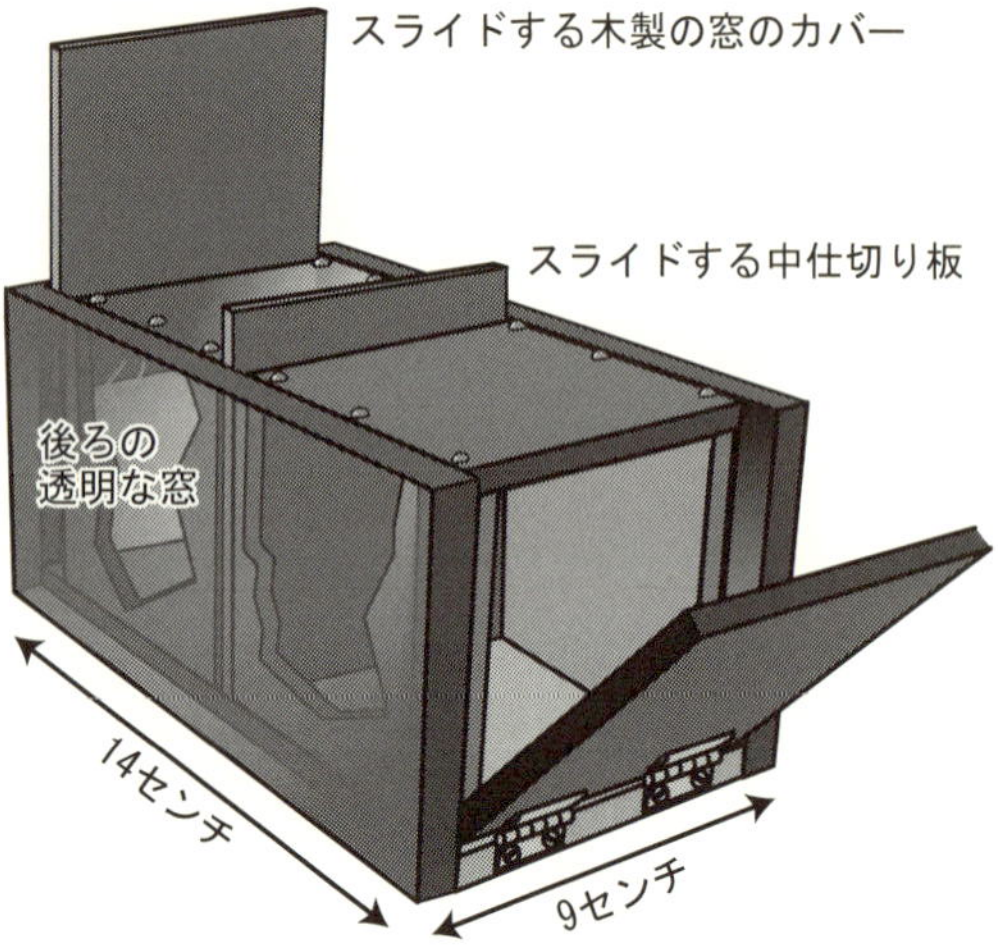

図1・6　ハチ箱の一部を切り取った図。後ろの部屋の透明な窓とスライドする窓のカバーを示す。

仕切りを下げて、彼女を後ろの部屋の中に閉じ込める。次に、もう一匹のハチを捕まえるために、前の部屋の扉を開く。このようにして、ハチ箱の後ろの部屋に五匹以上のハチを捕まえることができる。

カークと私はハチ狩りに必要なその他の道具を集めるために、二、三日を要した。それは、ハチ箱を覆う光を通さない厚い布、丈夫なミツバチの巣板の枠から切り出した二枚の四角い空《から》の巣板。アニスのエキスの匂いをつけた砂糖蜜。巣板を砂糖蜜で満たすためのスポイト、ハチに印をつけるためのペイントと細い筆。コンパス、その地域の地形図、森の道に目印をつけるためのテープ。時計。ノートブックと鉛筆、そして全てを運ぶための道具箱かナップザックであった。また、ハチ箱を置く台や折り畳み椅子も役に立った。

ダイス・ミツバチ研究室からアーノットの森の入り口（口絵2ページ下）までは、四十五分のドライブである。カークと私は研究室の緑色のピックアップトラックで森に行った時に、どこで最初の狩りを試みるべきかを論議するのに時間がかかったが、森の高いところで始めることに決めた。そこは森の中心に近く、それ故、いかなる家からも数キロメートル離れており、養蜂家の巣箱からハチを引きつける危険が最も少なかった。その日は暑く、晴れていて、ミツバチが餌を採るためには完璧な天気であった。そこで私たちは花の上でハチを見つけることは難しくないと思った。その日はまた七月の中旬であった。したがって、この地域での夏の流蜜《りゅうみつ》［花の蜜が豊富な時期］が終わった時に、私たちは最初の試みを行ったことになる。春から初夏の主な蜜源はニセアカシア、ヌルデ、シナノキ、ラズベリーの繁み、タンポポや白クローバーのようなさまざまな草本植物であった。

カークと私は、蜜が自然の源から豊富に手に入らない時にハチ狩りをすることが大切であることを、まだ認識していなかった。ハチは花からたっぷりの蜜を見いだすことができない時にのみ、暗く、砂糖蜜で満たされた古い巣板から夢中になって餌を採ることであろう。ハチにとってハチ狩人の巣板から砂糖蜜を採ることは、他の群れの巣からハチミツを盗むのと同じように感じられるのだろう。そして、これは危険な仕事である。盗人ハチは、しばしば略奪しようとする巣箱の中で捕らえられ、殺される。それ故、ハチ狩人の餌の巣板に対して引きつけられる唯一の時は、晴れているが彼らがもっと安全な炭水化物の源、すなわち蜜がざっしりつまっている花を見つけられない時である。ソローが記述した一八五二年九月三十日のような、ひどい霜の夜のあとの暖かい日は、ハチ狩りにとって理想的である。しかし、花が開花している春と秋の晴れた日には試してみる価値がある（第3章参照）。

私たちはアイリッシュヒルの頂上で車を停めた。そこは古い畑のそばで、アイルランドの移民によって森が切り開かれた多くの場所の一つであった。彼らは一八〇〇年代にこの丘に農場を開いた。一九三〇年代中頃まで、彼らは作物を育て家畜に草を食わせた。そのとき、連邦再定住事業局――フランクリン・Ｄ・ルーズベルト大統領のニューディール政策の一環――は、アイリッシュヒルの痩せた土壌のような生産性の無い土地に住む農民が、より生産性のある農地に移住することを援助した。私の物書き机の上には、人々がここに住んでいた過去の日々の錆びた登録板が立ててある。私はそれを古い農家の一つの穴蔵の孔の後ろにある、ストローブマツにすえつけた餌の巣箱を調べている間に草の中から見つけた。この長方形の崩れかけた鋼板には、その上の方に「ＮＹ３３」（ニューヨーク州１９３３）と小さい字が印《しる》され、下の方には「４Ｊ７９―６３」（車の登録ナンバー）が大きい字で印されていた。私は、もしその所有者が一九三三年に戻ってこの登録を手に入れた時、彼が間もなくこの丘の上の農場を去らねばならないことを知っていたかどうかを知りたいと思った。

カークと私はミツバチを探して、その場所を一時間半、うろつき回ったが、私たちは何も見つけられないことに驚いた。最後にカークがノイバラ（*Rosa multiflora*）の藪で花粉を集めている一匹の働きバチを見つけて、ハチの乗った花を静かにハチ箱の開いた口の方にうまく動かすことによって、そのハチをハチ箱の中に捕え、それから扉をぱちっと閉じた。彼はそれからこの箱の後ろの部屋に、壁にある窓から光を入れることによって、このハチをおびき寄せた。最後に彼は二つの部屋を隔てるスライドする中仕切り板を閉じて彼女を後ろの部屋に閉じ込めた。その間に私はスポイトを用いて、空の四角い巣板の小片に砂糖蜜を満たした。そして、それを箱の前の部屋に入れるようにカークに渡した。これを終えると彼は静かにハチ箱を、私たちが運んできた台の上に置き、後ろの部屋の窓のカバーを閉じて暗くし、前と後ろの部屋の間の中仕切り板を開けた（そこでハチは前の部屋にある巣板を見つけることができる）。そして、厚い布を箱の上にかけて暗くした。もし、箱に隙間があって、そこから少しでも光が漏れたりすると、彼女はあらゆる場所を這い回って、この場所から逃げ出そうともがくからである。

私たちは、ハチに私たちからの素晴らしい贈り物を見つける十分な時間を与えるために、五分間待った。それからカークはハチを混乱させないようにゆっくりと箱の扉を開いた。私たちのハチは無事に砂糖蜜を見つけていた（万歳！）。しかし、荷積みは終わったわけではなかった。よく見ると、彼女は巣板の上に動かずに止まって、砂糖蜜を吸い上げる仕事に集中していた。約一分の後、彼女は腹一杯に蜜を満たすと、箱から日光の中に歩き出し、翅の先端の砂糖蜜のかけらを落として身繕いし、身震いをすることによって飛翔筋を温めて、最後に飛び立った。私たちはかがみ込み、彼女が青い空に向かって行くのをもっとよく見ようとした。彼女はゆっくりとハチ箱のまわりを回り、しだいに彼女の動きは餌場から主に東の方向に8の字を描くような形にひろがった。私たちは、もちろん、彼女がその後、家の方向を明らかに示すハチ道の方向に飛び去るのを見ようとして、旋回する飛翔を追おうとしたが、それは難しく、まだ旋回している間に彼女を視界から見失った。彼女の家は西よりも東にあるように見えたが、それが私たちのできた全てであった。そこで、大きな疑問は、彼女が砂糖蜜の餌をもう一回運ぶために巣に戻ったのか？　そして彼女は砂糖蜜の発見のニュースを巣の仲間とわかちあおうとしているのか？　であった。

カークと私は望みを持って、神経質にそして辛抱強く待ち、エドゲルの本からの次の重要な文章を復唱した。「成功するハチ狩人の最も重要な素質は忍耐である」。このハチが巣板を再び見つけやすくするために、私たちはその巣板をハチ箱の内側の暗い場所から、箱の外側の日の当たる場所に動かした。九分と二十秒の後、一匹のミツバチのなつかしい音を聞いた！　それから彼女、おそらく最初に来たハチは、まず巣板に近づいたが、飛び去り、次に私たちのまわりを輪を描いて飛び、それから巣板のすぐ上を飛びつづけ、しかし、最後には降りたった。そして巣板の上に止まって翅をたたみ、彼女の舌を伸ばし魅惑的な餌をもっと飲み込んだ。今や、このハチは「私たちのハチ」だった！

小さな友達を追って

私たちは、このハチの腹部の上に明るい緑のペイントで印をつけた。私たちは彼女を「みどりのはら」（ノートにはG－abと記録された）と名付けて、小さい友達にした。幸いなことに、「みどりのはら」は、私たちが今度は蜜を満たした巣板をハチ箱の前の日なたに置いたものに出会っても驚かなかった。それは、彼女がこの巣板と巣の間を何回も往復し、やがて巣から仲間を連れてきたことからわかった（口絵3ページ上）。ハチ達の大部分は巣板の上に速やかに乗った。私たちは六色のペイントを持っていた。そして、まもなく私たちは個体識別のために一二匹のハチに印をつけなければならなくなった。それぞれのハチは、ある色の点を腹部あるいは胸部につけられた。私たちはまた、ノートブックにハチ狩人にとって非常に興味のある二つのことを記録し始めた。それはハチが家に向かって飛ぶ時に消える方向と、彼女らの出発時刻と戻ってきた時刻である。この時刻は私たちがハチの家までの距離を推定することを可能にするものである。

ひとたび、ハチ達が私たちの餌に慣れると、餌から離れる時に輪を描くことがますます少なくなった。そこで、私たちは一匹のハチが飛び去る時に、彼女を注視することが容易になった。しかし、私たちはまだ初心者だった。そして私たちが確実にハチを見定めることは、難しく、もどかしかった。約一時間の仕事の後、私たちは十分に真っ直ぐ飛び去るハチ達の方角を一四例確認できたので、彼らを四五〜九〇メートル、目で追いかけることができた。一四例の巣に帰る飛翔の方角のコンパスの読みは、九〇、八六、八四、八二、七九、七二、七四、八一、九八、九三、八七、九〇、八一と九二度であった。そこで、これらのハチたちの家はほぼ真東［コンパスには北が〇度で、以下右回りに三六〇度までの目盛りがついている。従って、九〇度は東を意味する］であるということに疑いはなかった。

忙しいハチの出発と到着時刻のデータをとることは、巣の方角を測るよりははるかに容易であった。そして、私たちは一匹のハチが餌から去っている時間の長さ、すなわち不在時間が、七分五十秒から十三分四十秒と幅広く散らばっていることを、すぐに知った。

しかしながら、私たちは最も短い四例の「不在時間」が全て、約八分であることに注目した。これらのハチ達が家に飛び帰って、砂糖蜜を荷下ろしして、ハチ箱に戻るのに要する時間は全部で八分であることを知った。このことは、彼女らの家への距離を推定できることを意味した。私たちはハチ達が一時間あたり約二四キロ（一キロを二・五分、あるいは人間の短距離ランナーの速さ）で飛ぶことを知っていた。そこで、一匹のハチは巣の中で彼女が運んできた砂糖蜜を荷下ろしするまでに、約二分間を要するものと推定した。私たちはハチが巣板で荷を積むのにどれくらい時間がかかるかを見ていた。荷下ろしの推定時間の二分を不在時間の八分から差し引くと、合計六分の飛翔時間となる。したがって、旅の行きと帰りの片道の飛翔時間はほぼ三分である。この行きまたは帰りの推定時間と一キロ二・五分の推定飛翔速度をもちいて、巣への飛翔距離をおよそ一・二キロ（三分飛翔／一キロ当たり二・五分キロ＝一・二キロ）と計算した。

一・二キロ。ワオ！　谷を東に延長すると、そして三キロ近く離れた丘の中腹を越えて見渡すと、数千本もの堂々たるサトウカエデ、アメリカハナノキ、セイヨウブナ、ブラックバーチ、キハダカンバ、シャグバークヒッコリー、ヒッコリー、アカガシワ、ホワイトオーク、ユリノキ、ホワイトアッシュに満ちた硬木林に加えて、ツガの密林が北に面した斜面を覆い、高いストローブマツがちらほらと立っていた。これらの森は一八〇〇年代の後半にひどく伐採されたが、それから放っておかれ、今では森は、ミツバチの群れがその家として選ぶような空洞を持つ十分大きい木で一杯になっていた。私たちは、「みどりのはら」と彼女の仲間の家がある一本の木を探せるかどうかを危ぶんだ。

この問題に挑戦しようとして、私たちはハチ道をたどることについてエドゲルのアドバイスに従った。巣板を砂糖蜜で再び満たし、ハチ箱の中に戻した。ハチ達は狼狽し疑わしげに行動した。けれども彼らは一匹一匹再び着地して、遂にはマッチの大きさの四角い巣板の上だけが止まる場所となり、一五匹ほどのハチが再び餌を胃に満たすことに落ち着いた。この時点で私たちはハチ箱の扉を優しく閉じハチ達を箱に閉じ込めて、ゴム紐で留めてから、道具入れに仕舞った。そしてハチが家に向かって飛んだ方向に九〇メートル移動した。これよって私たちは藪に覆われた古い畑の縁に行くことになった。エドゲルはハチ道をたどる最初の移動は二七〇あるいは三六〇メートルと書いていたが、私たちにとってそれはあまりに大胆なものに見えた。まだ、森の中に飛び込む準備が無かったのである。

新しい場所で私たちが静かにハチ箱を開けた時、数匹のハチ達は突進して飛び出し、輪を描くこと無く消えた。しかし何匹かはなおも積み荷をしていた。そして離れる時には彼らはとても静かで、消える前に新しい場所のまわりでゆっくりと輪を描いたので、彼らの方角を決めているように見えた。今、私たちはとても神経質になっていた。ハチ達のどれかがこの新しい餌場に戻るように動いてくれるか、あるいは彼らが全て移動前の餌場に戻って、失われるか。おそらく少なくとも十分は、どのハチも現れないことがわかっていたので、時間を記録して待った。その待ち時間は終わりが無いように感じられた。しかし十二分後、一匹のハチが巣板に戻ってくる、素晴らしい澄んだ翅音を聞いた。そのあと二分以内に、他のハチ達も巣板の上に着陸した。その中には「みどりのはら」もいた。やった！　カークと私は、ジョージ・スミスのように「主の前の有力なハチ狩人」になる途上にいると感じた。

しかしながら、私たちはまた次の事実に直面していた。もっと深く森の中に移動する必要があった。ハチ道を探すうち、予期されたように、手付かずの森を見つけた。私たちはエドゲルのゆううつな次の言葉を思い出した。「森の中に放されると、一匹のハチは木の間で輪を描いて消える。ある時には（彼女が）前に行ったか後ろに行ったかを言うことが難しい」。しかし私たちは、森の中の樹冠に隙間がある地点に移動できることを知った。そこには一本の大きい木が倒れていた。そして、これらの場所でハチ達が輪を描き、開けたところの一方の側に、より多くが消えていくのを見守ることができた。これによって、私たちはハチ道にとどまることができ、ハチの木にもっと近づいた。そして、より多くのハチ達が私たちのまわりでブンブンいうようになり、二、三分ごとに巣板を蜜で満たさなければならなくなった。また、印をつけたハチ達が餌に来る時間の間隔が、ますます短くなった。

私たちが、二日目に六回目の移動をしたあと、更に一四〇メートルの移動を行った。そこは、森床が鋭く崩壊した急な崖の縁で、一本の巨大なアカガシが下向きに倒れている広い樹冠の隙間であった。ハチ達はこの場所に容易に移動した。私たちが動くと二、三匹は私たちと一緒に動くようにさえ見えた。間もなく、私たちのまわりにはブンブンいう数ダースのハチがいるようになった。そこで、これまでよりも早く巣板を蜜で満たし、ハチの木が近くにあるに違いないと考えた。しかし、ハチ達は出発する時に奇妙な行動をした。私たちが追いかけてきた東向きのハチ道に沿って前方に発進するかわりに、彼らは全ての方向に輪を描いて飛び去るのであった。最後にハチ達が、一度は樹冠の隙間の頂上に達したあと、東ではなく北に飛ぶことを知った。それはハチの木が、私たちが動いてきた道の左側に離れていて、もっと前方にあるのではないことを物語っていた。

これはありがたい。それは私たちが前にある急な丘の斜面を下りる必要がないからである。そのかわりに、丘の上の棚状の場所を回ればよかった。それはまた、ハチの木は近くにあることを意味した。ハチの木は私たちの出発点からわずか〇・八キロにあり、最初に推定した一・二キロではなかった。そして最後に、それは狩りの戦術を変える必要があることを意味した。すなわちこれまでのようにハチ道をたどることから、一本一本、木から木を探すことへの転換である。これは新しい挑戦であり、ほとんど望みがないようにも感じられた。なぜなら、私たちのハチの家の住所を見いだすためには、数百本の木を根元からてっぺんまで、綿密に調べる必要があるからである。けれども、エドゲルからのもう一つのヒントで勇気をもらった。「今や、その木を発見するために十分な注意を払って見るだけです」。否定できない真実であるが、ハチの木を見つけることは、後の章で、一本のハチの木を見つけるのに三年かかったことを述べるように、腹が立つほど難しいものであった。しかし、この日、私たちは初心者であり、初心者の幸運を楽しんだ。私たちは出発するハチ達が向かう方向に散らばった。そして、木から木へと約一時間、それぞれの木の幹を上から下まで、飛んでいるハチの翅の閃光をこまかく調べつくした。カークが「見つけたぞ！」と叫んだ。実際、彼は見つけたのだ。直径四五センチ（胸の高さで）の、ツガの木の北西側六メートルの高さに、ミツバチが出たり入ったり殺到している節穴があった（図1・7）。その時、二人の新参のハチ狩人にとって、これ以上の素晴らしい光景は無かったのだ。

図1・7　著者と仲間のハチ狩人カーク・ヴィッシャーが、最初のハチ狩りで見つけたハチの木。

生物学の部屋 1

野生のミツバチの群れの数

ミツバチはイギリスの植民者によって、一六二〇年代にヨーロッパから持ち込まれたあと、北アメリカ東部の森に約四百年にわたって棲んでいる。そして、おそらくスペイン人の植民者はそれよりも早く持ち込んでいた。これらの野生のハチの群れのハチミツを求める狩りは、彼らが新世界にミツバチをもたらしたすぐあとに始まった。一七二〇年には、すでにポール・ダッドレイがロンドン王立協会会報に次の記事、「蜜を得るためにニューイングランドの森の中の巣箱で最近発見された方法の報告」を発表している。一八〇〇年代まで、ワシントン・アービングを含むさまざまな著者が、ハチ狩りは植民者による楽しい、また有利な追跡であり、野生の群れの巣から略奪することによって得るハチミツは楽しみだけではなく、簡単に交換して売ることができたと言っている。

ルイスとクラークの探検雑誌の中で、私たちはウイリアム・クラークによる次の記事を見つけた。一八〇四年三月二十五日、日曜日に探検団はセントルイスをはなれ、カンザス川のほとりでキャンプした。「川は昨夜、三五センチ水嵩《みずかさ》を増した。人々は数多くのハチの木を見つけ、大量のハチミツを得る」。トンプソンは「最も成功したハチの木狩人」であるレスター・ショウについて述べた。彼は北ペンシルバニアのポッター郡に住んでいた。彼は一シーズンにハチの木から六五キログラム以上のハチミツを集めた。そして彼が見つけた野生の群れは数百を数えることができた。そう遠くない過去に、北アメリカでは豊富なミツバチの野生の群れと、深い知識を持った数多くの熟練したハチ狩人がいたことは明らかなようだ。不幸なことにこれらのハチ狩人たちの知識は記録されず、彼らが亡くなった時に失われた。そこで、カーク・ヴィッシャーと私が一九七八年の夏にこの問題を研究し始めた時、私たちは、新しい科学の領域に立ち入っているように感じた。

カークと私はアーノットの森で、七月のはじめには花の上のミツバチを見つけることができなかった。そこで私たちはハチ狩りを八月の終わりまで延ばすことに決めた（これは賢い決定であった。その理由は第3章参照）。私たちは夏の終わりに、アーノットの森の路傍や放棄された畑に芽をだす密集したアキノキリンソウの花が、咲き始めることを知っていた。また、ものすごく大量に咲くアキノキリンソウが、ニューヨーク州のこの場所に棲むハチ達の主な蜜と花粉の源であることも知っていた。そこで私たちは八月の終わりにこれらの植物のまわりでブンブンいう働きバチを見つけることは容易であると判断した。けれども、その時にはカークがコーネル大学に入学したばかりで大学院生として勉強に忙しかった。そこで私はハチ狩りの残りを一人で行った。私はまた、九月中旬に私の博士課程修了後の研究を支援してくれるハーバード大学特別会員の晩餐会に出席するために、マサチューセッツ州のケンブリッジに帰り、このハチ狩りプロジェクトから撤退する必要があった。しかし、それまでは、私は毎日、一日中ハチ狩りに自由に行くことができたのだ。すてきだ！

私はアーノットの森で八月二十六日から九月十三日まで野生のミツバチを狩った。ほとんど毎日暑く、晴れていた。そのため、ハチ達が外に出て花の上で働く時間がたっぷりあった。そして、それは、ハチを狩るために外に出る素晴らしい機会を与えてくれた。私は太陽が昇る前に露のおりた畑に到着し、夕方、私の餌の巣板をハチが訪れることを止めるまで狩りを続けた。毎日、正午になると森の西はじから約二・四キロメートルの、カユタの村落の中にあるコットン─ハンリン製材所の昼の合図の音が聞こえてきた。

十九日間みっちり仕事をするために、私は森の南と西の場所でハチ狩りに集中した。そこでは放棄された牧草地と森の南の境界を走る鉄道に沿って、全ての方向を見ることができる一七の開けた地点を見つけた。また、青々としたアキノキリンソウの生えている場所を見つけ、輝く花の上ではミツバチが働いていた。それぞれの場所で、私は容易にハチ箱をミツバチで満たし、ハチ道をたどり始めることができた。そしてハチが私の砂糖蜜で積み荷を終え、彼らの巣へ飛び帰る時に、その消えた方角をよく読み取ることもできた。図に示すように、これらのハチ道によって私はアーノットの森の一〇本の木の群れへとたどることができた。これらの群れのうち九個はアーノットの森で生活しており、一個は西の境界のすぐ外にあった。

私が見つけた木はアーノットの森で生活している全てのミツバチのものではない。私は全地域の約五〇％である森の北側と、東側の地域にある花の咲く場所からのハチ道は確かめなかった。

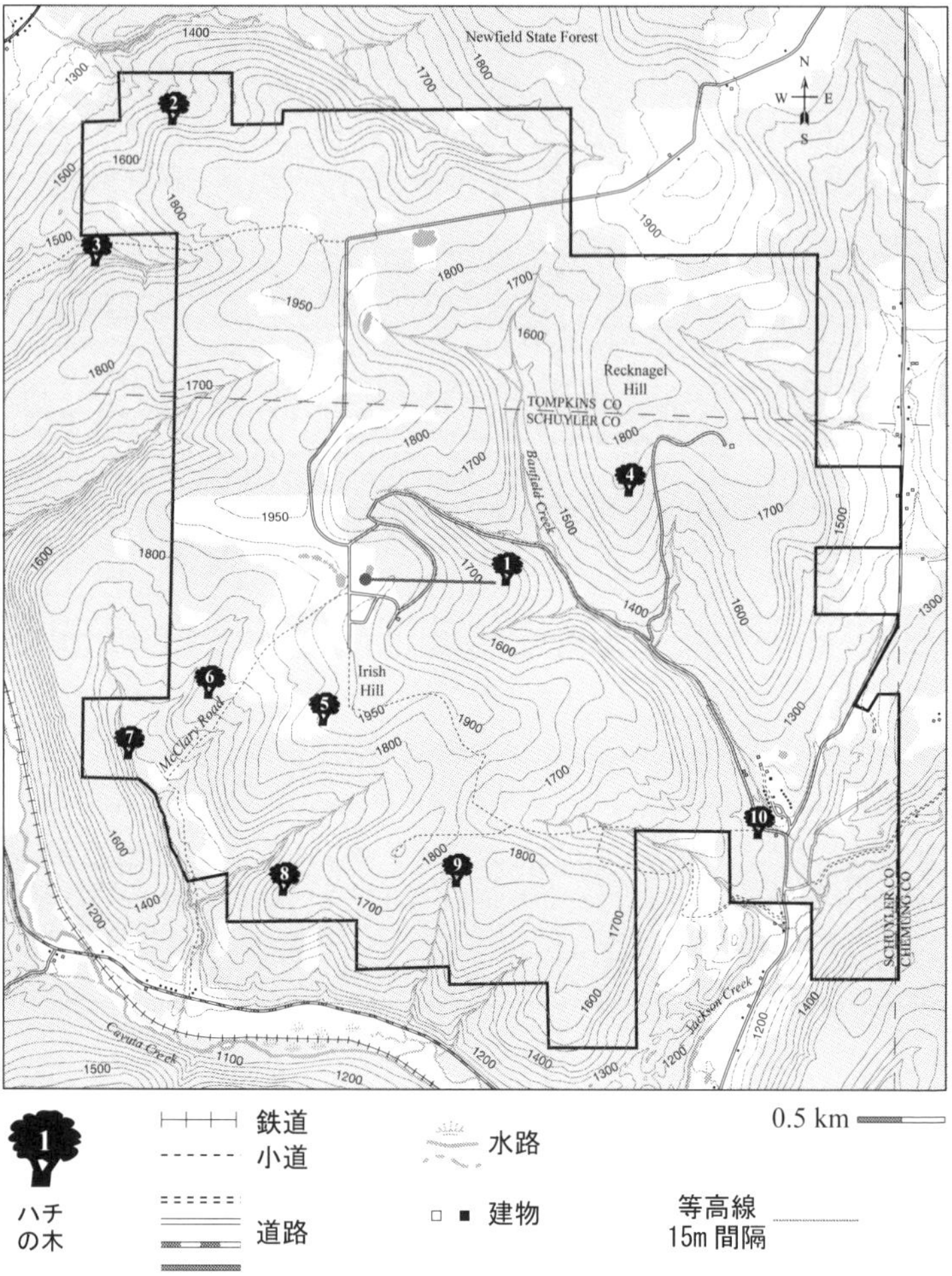

図　1978 年に見つかった 10 本のハチの木の位置を示す地図。それぞれのハチの木の位置をハチの木のマークで記した。1 の木から出ている直線は著者らの最初のハチ狩りの通り道を示す。

それ故、アーノットの森の境界の中から見つかった九個の群れは、この森に棲む群れの半分にすぎないと推定した。従って、一九七八年の秋にそこには合計約一八の群れがいたことになる。アーノットの森がほとんど正確に一八平方キロメートルであるとすると、一九七八年に立ち戻って、この森の野生の群れの数、あるいは密度を推定すると、一平方キロメートルあたり一群ということが言える。

アーノットの森に棲むミツバチの群れの数のこの最初の推定は、この場所の一般的な推定値として適切なものであることが証明されてきた。一九七八年以来、私はこの森の中に棲む群れの調査をその後二回行った。二〇〇二年と二〇一一年に、森の境界の中（あるいはすぐ外側）で、それぞれ八群と一〇群の位置を突き止めた。追加の二つの調査では、私は再び、アーノットの森全体面積の約五〇％を対象とした。そこで、これらの二つの調査でアーノットの森に棲む、野生の群れの全数は一六群と二〇群と推定される。それ故、二〇〇二年と二〇一一年のこれらの野生の群れの密度は、一平方キロメートルあたり〇・九群と一・一群と推定され、これは一九七八年の調査での一平方キロメートルあたり一群の値に近い。調査のこの一貫性から、私は一平方キロメートルあたり約一群が、アーノットの森に棲む野生のミツバチの量の信頼できる推定値であることに確信を持っている。

ニューヨーク州の南部の起伏の多い、深い森の地域での一平方キロメートルあたり一群という推定値は、ヨーロッパ、中東、アフリカ（土着の）、アメリカ、オーストラリア（導入された）の広大な範囲にわたる、セイヨウミツバチで報告されてきた野生の群れの範囲の低い値にあたるように見える。ヒンソンらによって評価されたように、公表されている野生の群れの密度の推定値は、自然（例えば自然保護区）と農業地帯の両方で、一平方キロメートルあたり〇・一から七・七群あるいはそれ以上である。それ故、ハチ狩人は世界的に広くハチが棲んでいるこの惑星のどこでも、野生の群れのハチ狩りを十分楽しめることだろう。私は次のことを付け加えることができる。すなわち、私が過去二十年にわたってハチ狩りに行った、アーノットの森の外側の、合衆国の中の一〇カ所全て——ニューヨーク州の東部と中部、ペンシルバニア州西部、コネチカット州北部、マサチューセッツ州西部、バーモント州中部、メイン州のいろいろな場所——で、野生の群れに導かれてハチ道を確かめることは難しくなかった。さらに、私はヨーロッパの国々の中で探索をする間に、木や建物の中に棲むミツバチの野生の群れを見つけた。それらの国はアイルランド、英国、スウェーデン、フランス、スイス、ドイツ、そしてオーストリアである。ヒンソンらが評価した研究の結果と私の個人的な経験によれば、もし一年のうちでちょうどよい時期にハチ狩りを試みるならば（すなわち、ミツバチが餌を採っている時はいつでも）、また、ミツバチのための巣となる空洞がある場所で（木や建物があるところならどこでも）、誰でもミツバチの野生の群れに導かれ、彼らの巣に到達するハチ道を確かめることに成功するということを私は確信している。

第2章　ハチ狩りの道具

ハチ狩りの魅力の一つはハチの木を見つけるために、少ない道具で足りるということである。ソローはフェアヘーヴンポンドとウォールデンポンドでハチ狩りをして過ごした日をとても喜んだが、私はこの単純さが一つの理由だと思う。このスポーツのもう一つの魅力は、ハチ狩りの道具が小さいことである。ハチ狩りの完全な道具一式（表1）は野外では一つのナップザックに容易に入り、家では靴箱に納まる。

ハチ箱

ハチ狩人の最も重要な道具はハチ箱である。その詳細は第1章で述べた。もし大工道具を持っていれば、そのハチ箱を自分で作ることができる。もしできなければ、友達か家具師に頼んで設計図から作ってもらうことができる。その箱は片手で容易に持てる大きさであるべきだ。私のハチ箱は長さが一九センチ、幅が一〇センチ、そして高さが九センチである（口絵3ページ下）。これはハチ箱としては少し大きいが、私は手が大きいので、これがよい。この寸法は長さ一四センチ、幅九センチ、高さ八センチに縮めてもよい。ハチ箱を作るために材木の切れ端を使ってもよいが、材木は奇麗でなければならない。それはミツバチが油、タバコやそれに類するものの臭いを嫌うからである。

ハチ箱はしっかりと、頑丈に作らなければならない。それから、内側と外側にワニスを塗り、水が漏らないようにする。仕上げワニスを使用するのが一番よい。これは船のワニスと他の木材部分を守るために作られたもので、塗るというよりは透明に覆うものである。ハチ箱をこのようにして守ることは大切である。なぜならば、ハチ箱はあらゆる天候において外に置かれることが多いからである。例えば、あるハチ道を出発し、ハチ達がよく飛び、幾つかの移動を行ったが、その日の終わりまでにハチの家に到達しないことがある。このような時に、ハチを残して、狩りを翌朝に再び続けることになる。ハチとハチ箱を残す前に、二つの小さい四角い巣板の両方を砂糖蜜で満たし、前の部屋（扉を開けておく）に一つを押し込み、もう一つの巣板をハチ箱の外側に置いて追加の餌とする。

うまく作れば、ハチ箱は長く使える。数年以上、それはますますよく働くであろう。雨風にあてられるほど、そしてハチと巣板の匂いがするほど、ハチがそれを好むようになるからだ。

ハチ箱は、ハチ狩人の道具箱に残りの品目と一緒にたやすく入れられる。この親しみやすいスポーツを行うために、その他何が必要かを次に示そう。

その他の必需品

・光を通さない布

これは小さいハチ達の一団を箱の中に閉じ込めたあと、ハチ箱の内部を暗くするのに覆うためのものである。箱を暗くすると、囚人たちは、箱の内側に置いた砂糖蜜の入った巣板を見つけやすくなる。私は今も、三〇センチ×三八センチの輝くようなオレンジ色のビロード布を使っている。それは私がハチ狩りを始めた三十七年前、母のぼろ布箱の中で見つけたものである。そして私は、ハチ箱のためにこの派手な布覆いを今も持っていることがとても嬉しい。それは私の道具を見せた時に、人々を笑わせるのに役立つからである。笑いは私の発表の時このパッと目を引く布を用いてハチ箱を注意深く覆い隠す時に起こる。人々は私が徹底した生物学者であることを知っている。そこで奇術師のお決まりのような仕草を私がするのを見るのが楽しいのだろうと思う。けれども、正直なところ、私はハチ狩りの決定的な最初の段階で奇術師になったように感じる。なぜならば、私のハチ狩りの努力には全く興味のなかったハチ達を、とてもおいしい餌に魅了されたハチ達へと変えるからである。実際、間もなくそれぞれのハチはブーンという音をたてて、私が用意した尽きることのない蜜の鉱脈から、ハチにとっての黄金《こがね》を家に空輸し、彼女がすり切れるか、私が彼女の棲み場所を発見するまでそれをやり続けるであろう。

・二つの空の四角い巣板

二つの空の小さい四角の巣板が必要となるだろう。それはハチ箱の前の部屋に容易に滑り込ませられるような大きさに切ってある。私が使っているものは約五センチ×五センチである。これらは古い、薄黒い巣板から取ったもので、繰り返し使用して黒く強くなっていれば、十分役に立つであろう（図

図2・1　薬のスポイトは古い巣板の小片に砂糖蜜を満たすために役に立つ。

2・1）。これらは養蜂家からもらうことができる。

・砂糖蜜の瓶

ハチ狩りの蜜は、高い濃度で軽く匂いがつけてあるのがよい。私はこれを作る時に約〇・五リットルの瓶を使う。蜜を調製するのは簡単だ。純粋な白いしょ糖三三〇グラムを〇・五リットル瓶に入れ、十分な沸騰水を注いで金色の蜜にする。砂糖が完全に溶けるには、約五分間かき混ぜる必要がある。最後に一滴のアニスのエキス（生物学の部屋2参照）を温かい蜜の瓶に加える。

・小さいスポイト瓶

これは四角い巣板の巣房に砂糖蜜を手際よく満たすためにとても便利である。私が使っているのは、約三〇グラムの琥珀色の瓶で、ねじ蓋がついている。その瓶にはスポイトがついていて、使い終わったあと、とても便利である。なぜなら、その他の道具に蜜がついてベタベタならないからである。

・アニスのエキスの瓶、瓶の蓋、三ミリ目の金網これらの三つのものは、餌の巣板の場所をハチ達が見つけやすいようにする。ハチ達は餌があることを報告する尻振りダンスによって、餌場のある地域への道を見つけ、その地域に着くと、この素晴らしいアニスの匂いのする「蜜」の源を見つける努力をする。私が使っている金属の瓶の蓋は、ピーナッツバターの四五〇グラム瓶のものであり、三ミリ目の金網（亜鉛びきの針金でできた頑丈な網で金物屋で売っている）をこの瓶の蓋を十分に覆う大きさに切る。金網を、明るい色で塗った四角い木の板の中央に開けた孔の上にホッチキスで留め、それをさかさにした瓶の蓋の上に置く（図2・2）。巣板に入れた蜜から出る匂いに加えて、餌場に強いアニスの匂いをただよわせるために、私は数滴のアニスのエキスを内側を上にして置いた瓶の蓋に注ぐ、それから、蓋の上に金網を留めた板を置く。そうするとハチ達はそのエキスに触れて汚れることがない。私はそこで蜜で満たされた巣板を瓶の蓋の上に置いた金網の上にセットする。こうすると、ハチ達はかぐわしい餌を容易に発見することができる。タイミングについての注意としては、ハチ箱に捕らえた半ダースのハチ達を放す前に、アニスのエキスを入れ

図2・2　匂いと色で餌の巣板の場所を目立つようにするための仕掛け。巣板は色をつけて穴を開けた板に留めた金網の上に置き、これをアニスのエキスを数滴入れた瓶の蓋の上にかぶせて、明るい色で塗った小さい台の上に置く。

図2・3　左：道に目印をつけるためのビニールテープ、照準を決めるコンパス、地形図。
右：個体識別のためにハチ達に印をつけるペイントペンと水溶性ペイントセット。

て金網で覆った瓶の蓋を五分ほどの間セットしておく。こうすることによって、これらのハチ達と彼らが募集した巣の仲間が餌場をはじめに見つけようとする時に、匂いで餌の巣板がさらによくわかるようになる。

・一セットのペイントペン

これらはハチ達の個体識別のために使うものである。私がハチ狩りを始めた時、いろいろな色のタイプライターの修正液を使った。しかし、これらは手に入れにくくなった。ある時、シェラックペンキの一セットと、ミツバチが餌を採る時の社会的組織を研究するために長年使ってきた小さい駱駝《らくだ》の毛の筆を用いようとした。しかし今、ペイントペンと水溶性ペイントセットが、識別マークをつけるのに最も実用的な方法であることを見つけた（図2・3）。印をつけることは、ハチ達を個体として識別するために必要である。それは、一匹のハチが、どれくらい長く巣板から去っているかの不在時間を知ることで、すみかまでの距離を推定するのに必要となる。

・時計

時計は秒針のあるもの。これでハチ達が餌場からどれほど長く不在であるかを正確に測ることができる。

・コンパス

これは家の方向に飛ぶハチ達が消える方角に、正確に照準を合わせるようにデザインされたものである。私はカメンガ・モデル27・レンザティックコンパスを用いている。これはとても丈夫で正確に照準を合わせることができる。

・ノートブックと筆記用具

丈夫な表紙のついたノートブックを持つことを勧める。その中に、ハチ達の出発と到着の時刻、消えた方角とハチ道をたどる途中で止まったそれぞれの場所についてのデータを記録する。また、それぞれの場所で旅の時間と個々のハチの出発方向の表を作ることを勧める。そうすることによって、どのハチが最も献身的で、最も速い餌探し者であるか、また、ハチの家への距離についての最良の情報源であるかを速やかに知ることができる。また、巣板を離れるハチの往来する空中の道が一つ以上かどうか、ハチ達が一つの群れから来たものかどうかが速やかにわかる。

図2・4　ハチ狩人の道具箱。ハチ箱、覆い布、砂糖蜜の瓶、スポイト瓶、ペイントペンセット、コンパス、地形図、その他の道具。

・ナップザックあるいは道具箱

これはハチ狩りの道具を水、食べ物、日除けなどと一緒に運ぶためのものである（図2・4）。しかし、虫除け薬は家に置いて行くのがよい。なぜならば、それはハチ達の行動を乱すからである。ナップザックはハチ道をたどって移動する時に、ハチ箱（そして、写真の下に見えるような台）を運ぶために両手を自由にしておくのに便利だ。一方、道具箱は全てのものがすぐに利用できるようになっている。

あると便利なもの

・ハチ箱の台

これがあればハチ箱と蜜の詰まった巣板を、地上に置くよりもはるかに楽に扱うことができる。ソローは、彼とプラット、ライス、ヘイスティングスが台を用いたことに触れてはいないが、彼らは石の壁からくすねた岩を用いて簡単

必要な道具	コンパス
ハチ箱	ノートブックと筆記用具
光を通さない布	ナップザックか道具箱
２つの空の四角い巣板	
砂糖蜜の瓶	あると便利な道具
小さいスポイト瓶	ハチ箱の台
アニスのエキスの瓶、瓶の蓋	折り畳み椅子
３ミリ目の金網	目印用のビニールテープ
ペイントペンセット	その地域の地形図
時計	

表１　ハチ狩りの道具

な台を作ったにちがいない。エドゲルは確かに台を使った。彼は次のように述べている。「一・二メートルのくま手の柄を切ったような木材を真っ直ぐに立て、そのてっぺんに平らな板を釘づけし、下の端は土に刺しやすいように尖らせた」。私の場合は、ある時には空の巣箱（木製のハチの巣箱）を立て、別の時には、ハチ狩りのために特別に作った小さいテーブルを用いてきた。それは高さが五〇センチ、天板は小さく二三センチ×二八センチで運ぶのが容易である。これを黄色に塗ったのでハチ達にとってはよく目立つ目印となった。ハチ箱のための台があると、ハチに印をつけ、彼らの出発と帰る時刻を記録し、彼らの消える方角を見るのが楽しくなる。特に、座り心地のよい折り畳み椅子を持って行くならばなおよい。

・折り畳み椅子

これは確かに便利なものである。もしハチ狩りを車かトラックの近くで始めるならば、椅子を出発点に運べばよい。私は椅子を使うのが好きだ。しかし、一般的に狩りの始めにだけ使う。狩りの始めにはハチ達の行ったり来たりの情報を辛抱強く抽出するのに、一時間ほど費やすことが多いからである。この地点では、ハチ達が家に到達するための旅をする方向と距離について、しっかりした情報を、ゼロから取り始めなければならない。そこで、数多くのハチに照準を合わせ、最も詳細な記録を得ることが必要であろう。椅子に快適に座りながら、これらのことを行うのが効果的だ。

・目印用のビニールテープ

もし道を間違えそうな場所でハチ狩りをするなら、約三〇メートルごとに木の枝に印をつけることが絶対に必要である。目印は、ハチ狩りが一晩の休止を必要とし、次の朝ハチ箱を置いてきた場所に行く時に特に役に立つ。もし車まで歩いて戻る時に、森の中の道の木の枝に蛍光色のピンクの目印がなければ、ハチ箱を失うかもしれない。

・その地域の地形図

原則的に、合衆国地質調査所（もし合衆国の外にいた場合には他の適切な組織）の地形図は無くてもよい。しかし、地図は私にとってはほとんど基本的なものである。ほとんどいつも、私は道具箱に適切な地図を仕舞っている。というのは、ハチ達の家に帰る方向を決定するのに先立ち、地形について上空からの鳥の目を持つことが楽しいからである。また、ハチ達と私が向かっている方向に、畑かその他の開けた場所があるかどうかを知るのも楽しい。それがわかれば、ハチ道をたどって、この開けた場所で三六〇メートル以上もの大きい移動を試み、ハチ達の森の家に早く行くことができる。

生物学の部屋 2

砂糖蜜にアニスのエキスで匂いをつける理由

アニスのエキス（アニス、*Pimpinella anisum* の種子をくだいたものから抽出する）だけが、ハチ狩りの餌に匂いをつけるために用いられる唯一の芳香物質ではない。しかし、アニスのエキスは、この目的に特に効果的であるという証拠がある。

一九八三年の夏に、ハチ達が彼らの巣の仲間を募集する強さが、そのエネルギー的利益の多少に関係して、どのように増減するかを見る研究を行っている間に、私はハチ達が他の餌採りバチを募集する時には、アニスで匂いをつけた餌の方が、ペパーミント、オレンジ、レモンで匂いをつけたものよりもはるかに強力であることを知った。大学院生の一人、ワード・ホイーラーと私は、コネチカット州北東部の深い森林地域（エールの森）に置いた巣箱のハチの群れで研究した。それは近くにある養蜂家の巣箱からくる餌採りバチからの干渉を避けるためであった。そこで、私たちは、研究群から五〇〇メートルという同じ距離で正反対の方向（北対南）に二つの餌を置いた。研究群はガラスの観察壁のある巣箱に入れ、それを運べる小屋の中に置いた。それから、この群れから二つの餌場で餌探索をする六〇匹のハチ達を訓練し、募集者としてペイントで印をつけた――個体識別のために。それぞれの餌場には印をつけたちょうど三〇匹が訪れた（図を参照）。

一九八三年六月十四日に両方の餌場は、同じ濃度のしょ糖液（二モル）で満たされた。そして両方のしょ糖液は同じ容量の匂い（一リットル当たり六〇マイクロリットルのエキス）を与えられた。しかし一つの餌場の食物はアニスのエキスで、もう一つの餌場の食物はペパーミントのエキスで匂いづけされた。また、各餌の基部にある孔のあいた板の下から発散する貯蔵庫の中に、三ミリリットルのアニスのエキスかペパーミントのエキスのどちらかを置いた。

私たちは餌場を午前七時から午後二時まで着実に監視し、毎時間各餌場を訪れる印のついたハチ達の点呼を行い、それぞれの餌場に到着する全ての応募者を確実に捕獲した。応募者はペイントの印がないことによって認識され、餌場の一つに彼らが到着したあとすぐにジッパーのついたポリ袋の中に捕らえられた。午前七時から午前十時まで、アニスの匂いのする餌場は南、ペパーミントの匂いのする餌場は北にあった。その後午前十時から午前十一時までは、両方の餌場は閉じられた（空にされた）。しかし、ある応募者は到着し続けたので全て捕らえられた。最後に、午前十一時から午後二時まで、私たちは餌場を再開した。しかし、今度はアニスの匂いのするものは北に、ペパーミントの匂いのするものは南に置かれた（募集に方向性があるかどうかの比較対照として）。そして、印をつけられたハチを毎時間調べ、点呼と応募者（印のついていないハチ）の捕獲を、彼らが到着する両方の餌場で続けた。応募者の到着の割合は、北の餌場であるか南の餌場であるかにかかわらず、アニスの匂いをつけた餌場の方が、ペパーミントの匂いをつけ

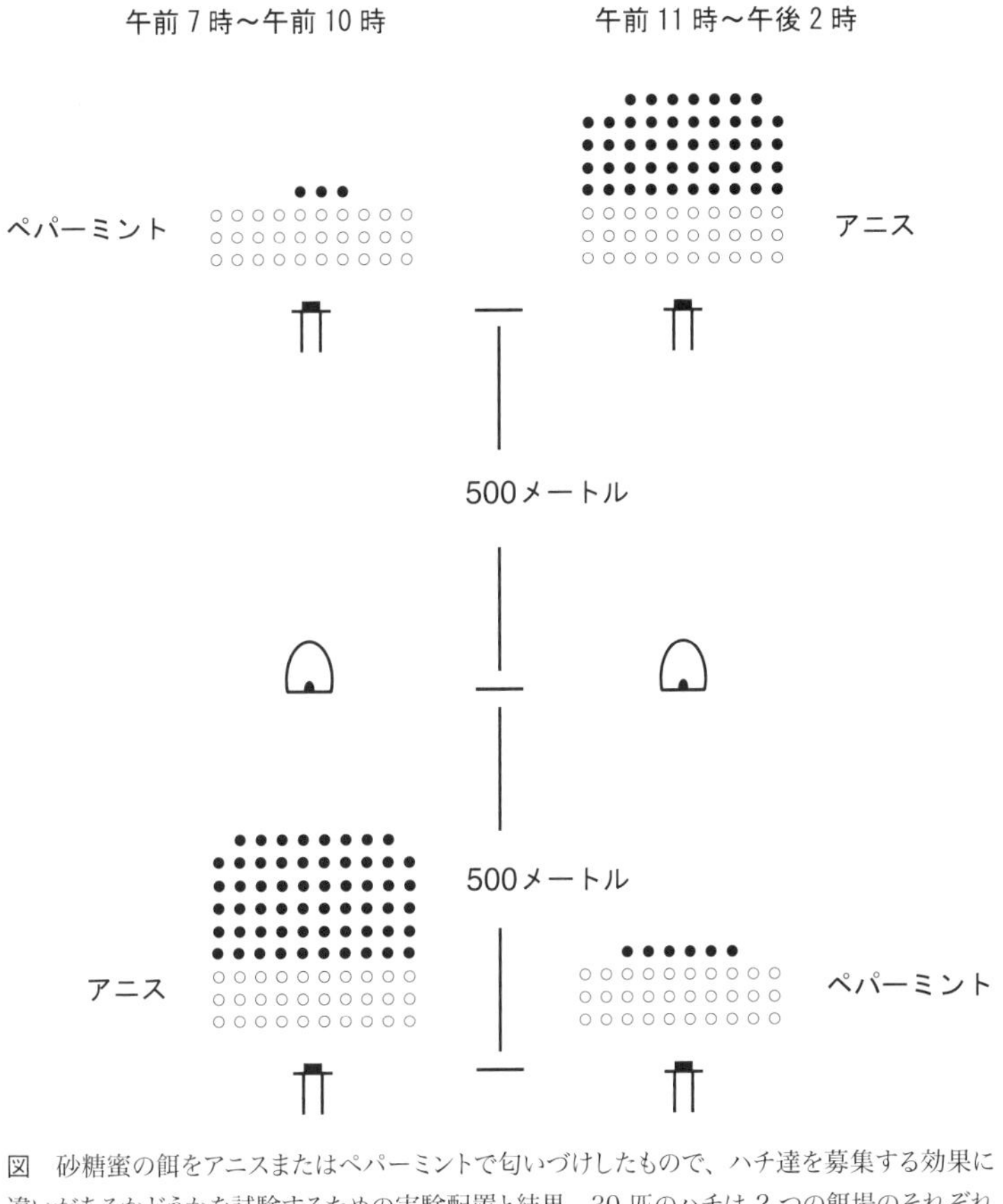

図　砂糖蜜の餌をアニスまたはペパーミントで匂いづけしたもので、ハチ達を募集する効果に違いがあるかどうかを試験するための実験配置と結果。30 匹のハチは 2 つの餌場のそれぞれを探索するように訓練された。そして、このハチ達はこれらの餌場への募集者（白丸）として彼らを識別するために印がつけられた。すべての応募者（黒丸）――印がついていないことで認識される――は餌場に到着した時に捕獲される。どちらの餌場でもアニスの匂いがするものは、ペパーミントの匂いのするものよりもはるかに多くのハチを募集する。

た餌場よりも一〇倍以上多かった。同様の結果は、アニス対オレンジ、アニス対レモンを試験したつぎの二日間で見いだされた。

私は応募者が、二つの餌場のどちらでも、アニスの匂いのする食物により多く、到着したことの理由を確かに言うことはできない。しかし働きバチが基本的にアニスの匂いに特に高い感受性を持っていると考えている。もしそうであれば、巣にいるハチは、アニスの匂いのついた餌源を知らせる尻振りダンスをするハチに、ペパーミントの匂い（あるいはオレンジの匂いやレモンの匂い）を知らせる尻振りダンスをするハチに対してよりも容易に応募するであろう。その根底にあるメカニズムが何であろうと、これらの実験はアニスが応募者にとって特別な誘引性があることを私に確信させた。そこで、それ以来、私はハチ狩りの餌の砂糖蜜の匂いづけにアニスだけを用いている。

第3章　ハチ狩りのシーズン

私が住んでいるニューヨーク州のフィンガーレイクス地域には、狩り、特にシカ狩りの長い伝統がある。ガソリンスタンドや食料雑貨店で人々が狩りの季節について話しているのを耳にすると、彼らがいつオジロジカを狩ることができるかを論議しているように思う。二〇一五年にはシカ狩りは十月一日から十二月二十二日まで解禁された。この狩猟期間に森の中にいるのはかなり危険である。そして、ニューヨークでは毎年一ダースほどのシカ狩人が撃たれるか矢で負傷する。そこで、ニューヨーク州環境保護局ではシカ狩りを厳重に規制している。例えば、シカ狩人になるには法律上少なくとも十六歳でなければならない。さらに、武器――矢、石弓、ショットガン、あるいは先込め式ライフル銃――を安全に使用できるように訓練され、免許を取らなければならない。そして各タイプの武器を合法的に使用する時には、その日の許された狩りの経路を注意深く守らなければならない。また、狩りの免許状を買わなければならない。それは、獲ることができるシカの数と雌雄を特定するものである。そして、野山に入ったら、シカを獲るためのさまざまな規則を見ておかなければならない。それらは、犬を使ってはならない、シカがなめる塩を置いてはならない、夜に光をつけて狩りをしてはならない。そして餌づけをしてはならないなどである。

幸いなことに、ハチ狩人は——キノコの狩人、野の花好きと同様に——一年のうち、いかなる日でも彼の小さな獲物を合法的に狩ることができる（口絵1ページ）。ハチ狩人は好きな時に狩りができる。それは彼が火器使用の証明書あるいは狩り免許証を得る必要がないからである。その上、ハチ狩人はアニスで匂いをつけた砂糖蜜のような、彼が望むどんな狩りの道具でも技術でも使うことができる。しかしながら、彼は、一年のうちで狩りに最適な時期を考えなければならない。なぜなら、あまり寒くて、ハチと花が見つからない時にハチ狩りに行くことはできない。また、暖かい天候それ自体がよいハチ狩りを保証するものではないという事実も大切である。

シーズンの始まりと終わり

広く言えば、ハチ狩りのシーズンは春から秋までである。ハチ達が食物と水を集めて彼らの巣に飛ぶことができる春に、それは始まる。気温が約一三℃以上であればいつでもよいということだ。ニューヨーク州中部では三月の終わりか四月のはじめにこの暖かさになる。クロッカス、ネコヤナギ、レッドメープルが咲き、ハチ達が新鮮な餌を集めにブンブン飛んでいる眺めを我々が楽しむ日にそれが来る。私はこれまで開花シーズンのはじめに一回だけハチ狩りに行ってきた。それはこの時期には狩りを速やかに進めることができるからだ（第4章参照）。これは、ハチ達が冬の終わりにほとんど飢えているからである。そのような場合、低い濃度の砂糖蜜でさえ、その餌は彼らを興奮させる。

私は二〇〇七年三月末、冬の終わりの暖かい午後に、質の悪い餌に対してハチ達がわくわくしている衝撃的な光景を見た。その時、私は切ったばかりのサトウカエデの木を薪の塊に割っていた。数百のハチ達が汁を集めるために割ったばかりの薪の塊に殺到した。私はメープルシロップを作るためにサトウカエデの木の幹に傷をつけても、この汁の糖の濃度は高くとも三％しかないことを知っている。こんな低い濃度の蜜にさえ、この時期のハチは集まるのだ。同様に、私は春にハチ達の群れが鳥の餌台で、砕いたトウモロコシから粉末を集めるために群がるのを繰り返し見てきた。おそらくこれらのハチ達はタンパク質の多い食物がほしくてたまらなかったのであろう。

ハチ狩りはまた、秋に一度、霜が大部分の花を枯らした時にもうまくいく。そこではハチ達が注目するという点で、砂糖蜜で満たした巣板が自然の餌源と競争することはない。例えば、ソローが一八五二年の九月三十日にハチ狩りができたことを思い出してみよう。その時、前夜の厳しい霜がフェアヘーヴンポンドのそばの畑のアキノキリンソウの花を枯らしていた。家に帰る時、ソローと彼の仲間はウォールデンポンドのそばの日の当たる場所でハチ達が新鮮なアキノキリンソウと紫アスターの花にブンブンとしているのをどうにか見つけた（図3・1）。そして、ハチミツを薄めて満たした彼らの巣板にハチ達の関心を集めることは簡単にできた。

私は二〇一三年十月十二日に似たような経験をした。その時私は餌の入った巣箱を回収していた――それは、アーノットの森の中でミツバチの大群を捕らえるために木に取り付けた、小さい巣箱である。それはさわやかに晴れた暖かい午後であった。しかし、ここ数日、夜は厳しい霜であった。これらがアキノキリンソウと紫アスターの花を枯らしていた。そしてハチの最後の主な食物源が失われていた。二週間前にはそこで私は青々とした、腰までの高さの緑のアキノキリンソウで一杯の畑を押し分けて進んでいた。そのアキノキリンソウの黄色い花は日光に輝き、ハチ達が一杯いた。今では、私は枯れたアキノキリンソウで満ちた茶色の畑をばりばりと砕いていた。もちろんハチ達はいなかった。しかし、森の中のストローブマツの高いところに取り付けた餌の入った巣箱に近づいた時、私は働きバチ達がその巣箱の近くをビュンビュン行ったり来たりしているのを見た。ハチの大群がその巣箱を占めたのだろうか、あるいはその季節でありそうなことは、野生の群れの一つから飛んできた盗人のハチが、この巣箱に入れた古い巣板の中のハチミツを発見して、彼女が見つけたものをもっと採るために巣の仲間を募集しようとしているのか。まもなく、私はそのマツにはしごを立てかけてその餌の入った巣箱のところに登って行き、入り口のハチ達の往来を観察した。

図3・1　ミツバチの働きバチが開花したアキノキリンソウの上で蜜を集めている。

あるハチ達は外に溢れ出るが、他のもの達は興奮して押し入っていた。これはたしかに、盗人ハチの凶暴な行動のように見えた。そして、餌の巣箱の蓋を持ち上げて、中を覗いた時、この巣箱は蜜盗みの的となっていることが確かめられた。というのは、約一〇〇匹のハチ達が巣箱の中にいるだけで、その全てが、動かずに蜜の入った巣板の上で蜜を吸い上げるか、あるいは他の巣板の上を蜜を探して神経質に走るかのどちらかであった。私はまた、盗みの徴候を見つけた。巣板の下に盗人ハチが強奪した、巣房の蓋をとって切り裂いた蜜蠟のかけらが積み上がっていた。その時、もし私がハチ道を確かめようとすれば、アニスで匂いづけした砂糖蜜の入った小さい四角の巣板のハチ箱に、数百匹のハチ達が数分以内に訪れたことであろう。

流蜜《りゅうみつ》の前後が狙い目

ハチ達が春に暖かくなるとすぐに働き始め、それから秋に厳しい霜がおりるまで働き続けるということは事実である。しかし、晴れていても花の上にハチ達が働くのを見つけるのが難しい時がある。これは、天気がハチ達にとって完璧であっても、ミツバチの群れの中の大部分の餌採りバチが家にとどまっていることによって起きる。なぜか？　それは、ある群れの餌採りバチが彼らの家から飛び出す時、天敵に捕食されるリスクと高いエネルギーコストを被ることがあるからである。例えば、多くの餌採りバチはクモによって捕らえられる。それは網を張るクモか花を占領するカニグモのどちらかである。他の多くのものは、トンボのような空中の捕食動物によって殺される。ときどき、狩りの間に、印をつけたハチ達の一匹が、私の巣板から重々しく飛び立ち、彼女の腹部が砂糖蜜で膨らみ、高度を得ようともがいている時、突然に一匹の空中曲芸をするトンボによってさらわれるのを見た。

餌を探すための高いエネルギーコストについては、動物の運動についての多くの研究が示すように、ハチ達の飛翔——翅の羽ばたき——は最も大きい運動のエネルギーを必要とするものである。実際、昆虫の飛翔筋は、その重さ当たりでもっとも代謝が活発な組織である。このことが意味するのは、大きい群れの餌採りバチが彼らの巣の外で、労働によって実質的なエネルギー的利益を得られるのは、花粉媒介サービスのかわりに花からハチ達に供給される、豊富な蜜の支払いがある時だけである。ある場合には、大量の花がそのような支払いをする。そしてこの時晴れた日があれば、群れは一日に四・五キログラム以上の蜜で、彼らの巣板を満たすことができる。養蜂家はこのことを「流蜜」と呼ぶ。

ニューヨーク州中部の私の観察場所での主な流蜜は、五月のニセアカシアとタンポポ（*Taraxacum officinale*）から来る。六月にはウルシの藪とキイチゴから、七月にはシナノキ、クローバー、トウワタ（*Asclepias syriaca*）、八月と九月にはアキノキリンソウと紫アスターから来る。私は過去十二年間のハチ狩りのノートを保存している。そして、その中に二一本のハチの木を見つけたそれぞれの日の表がある。全てが、七月、八月、九月であり、二一回のハチ狩りのうちの一つを除いて、ハチを白クローバー（*Melilotus alba*）、トウワタ、アキノキリンソウの上で捕らえることから始まった。この唯一の例外は二〇一三年八月二十日であった。その時、私はカステルマウンテン養蜂者クラブのためにハチ狩りの実演をしていた（図3・2）。私はこのクラブの約二〇人のメンバーとニューヨーク州アクラのコミュニティーセンターの外で、午後二時に会っていた。数分後、私たちは全員熱心にミツバチを探し、野生の群れのハチ道を確かめようと熱中していた。私たちの大部分はコミュニティーセンターのきちんと刈られた芝生のまわりの、草の生えた場所を見ていた。しかし、一人の目の鋭いメンバーが、前庭の芝生で育つ野生タチジャコウソウ（*Thymus vulgaris*）の小区画で餌採りをするミツバチを見つけた。私たちはすぐに、これらのハチ達の何匹かを、ハチ箱にすくいとった。そして、

図3・2　ハチ道を確かめるために、ハチ箱から飛び去るハチ達を見つめる。

一時間以内に北を指す活発なハチ道を確かめた。それは、約八〇〇メートルかなたの空いた納屋の壁に棲む一つの群れへと私たちを導いた。ここでの教訓：ハチ道を確かめようとハチ達を探す時には、「あらゆる方向」の花を見て、「あらゆるタイプの」花を調べるべし。

一般的に言えば、ハチ狩りの最良の時は、トウワタあるいはアキノキリンソウのような確実な流蜜がある時であり、これは花の上にハチ達を見るのが難しくないということを意味する。しかしながら、ハチ狩りは「流蜜の始まりと終わり」の間だけうまくいく。すなわち蜜は手に入るが、特別に多くはない時である。蜜の流れが最高の日には、一般にハチ狩人は役に立たない。なぜならば、ミツバチの群れが蜜を採る速度は、その餌採りバチが彼らの餌源にもっと仲間を募集しようとする動機に強く影響するからである。ある群れの蜜を採る速度が速いと、その餌採りバチは追加のハチ達が活性化するのをいやがる。そして、彼らを別の探索源に向かわせる（生物学の部屋3参照）。これはそれが甘い蜜で溢れそうな花の小区画か、ハチ狩人の砂糖蜜の入った巣板かという蜜源の種類にはかかわらない。

流蜜が最高の時期に、砂糖蜜を満たした巣板へ巣の仲間を募集することをいやがるハチ達は、ハチ狩人にとって重大な問題である。結局、ハチ狩人がひとたび、花の上でハチ達を捕らえ、砂糖蜜で満たした巣板で彼らを餌付けし、これらのハチ達を家に帰したら、ハチ狩人が最も熱心に望むことは、次にこれらのハチ達のあるものが、速やかに巣板に再び現れることである。さらに、彼は、餌付けしたハチ達が彼らの姉妹を沢山連れてくることを望む。そうすれば、彼はハチ狩りを始めたところから沢山のハチ達が家に帰るのを観察できるであろう。

もし流蜜が始まったばかりか、縮小しつつあるならば、ハチ箱に捕らえられたハチ達はおそらく、捕らえられる前に他のよい蜜源を見つけていない。もしそうであれば、彼らはハチ狩人の砂糖蜜に十分に印象づけられ、そして彼らの巣の仲間と素晴らしい無料のランチのニュースを分かち合うために、家へ帰ろうとするだろう。実際、もしハチ達が花から消えかけている少ない蜜の報酬しか受け取っていなければ、そして空が晴れていれば、間もなく数ダースのハチ達が巣板に殺到することであろう。

二〇一一年九月はじめ、ハチ狩りの成功にとって、蜜が手に入りにくいことが決定的に重要であることを示す忘れられない現象があった。私はアーノットの森のアキノキリンソウで満ちた空き地からハチの木への追跡を試みていた。しかし、私はほとんど前進できなかった。蜜で満たした巣板には、たった六匹のハチしか訪れなかった。そして彼らの戻りの旅は、落胆するほど散発的であった。私はハチ達がきらめくアキノキリンソウの花から、途方も無い流蜜を楽しんでいるにちがいないと結論した。そして、私はハチ狩りも終わりだと思いながら道端にいた。しかし、それから高い、暗い、ブーンと鳴る嵐のような雲が空を満たした。そしてまもなく、力強い雷雨が森とアイリッシュヒルの頂上の古い畑にたたきつけた。それはアキノキリンソウの蜜を十分に洗い流したにちがいない。ひとたびその嵐が過ぎると、私はハチ狩りをもう一度試みるために餌場を立て直し、ハチ達は私の砂糖蜜がほしくてたまらなくなり、餌の巣板に数百匹も群がった。

しかしながら、流蜜が全盛である時には、それがほぼ一週間続く。そして、もしその間にハチ狩りをしようと企てるならば、失敗しやすい。ハチ箱から放しておいたハチ達が仮に餌場に戻ったとしても、彼らは仲間を連れてこないことが多い。ある可哀想な気乗りのしないハチの分隊が時たま餌場にきたとしても、その日の冒険のための狩人の熱意はまもなく消えることだろう。時には、ものごとはもっと悪いことさえある。捕まえたハチ達はハチ箱を開けた時、ふりかえらずにブーンと去って行く。そして、これが彼らを見る最後である。ハチ達が砂糖蜜にこのように無関心な時は、道具を仕舞って、家に帰り、一週間ほど流蜜が縮小するのを待つのが最善である。ハチ狩人の最も重要な素質は、辛抱強さであることを覚えておくとよい。

生物学の部屋　3

流蜜のピークに起こること

ハチミツを作るために、ミツバチの群れはいかに効果的に組織されているのだろうか。彼らは花から蜜を集めるために巣箱の外で働く老齢の「餌採りバチ」、と集められた新鮮な蜜を巣の中で調製し、それを空腹の巣の仲間に分けたり、将来の消費のために巣板の中に貯蔵する中齢の「食物貯蔵バチ」に分けられている（図A）。この齢の違うハチ達によるハチミツ生産過程の特別な役割分担化は、疑いも無く、群れの働きバチの労働効率性を高めるものである。そうすることで例えば、一匹の餌採りバチが豊富な蜜源に出会った時、彼女はそれを採集して、巣に戻って自分で調製するよりも、採集に集中することができる。しかしながら同時に、この労働の分割は群れの中での共同作業に一つの問題を生む。なぜならば、採集と調製の速度がうまく合致するように、全体的な作業のバランスをとらなければならないからである。もし採集の速度が調製の速度を超えると、餌採りバチは巣箱に帰った時に、食物貯蔵バチへの荷下ろしが遅れるであろう。反対に、もし調製の速さが——あるいはもっと正確に言えば、調製能力——が、採集の速さを超えると、食物貯蔵バチは荷下ろしする餌採りバチをなかなか見つけられなくなるであろう。

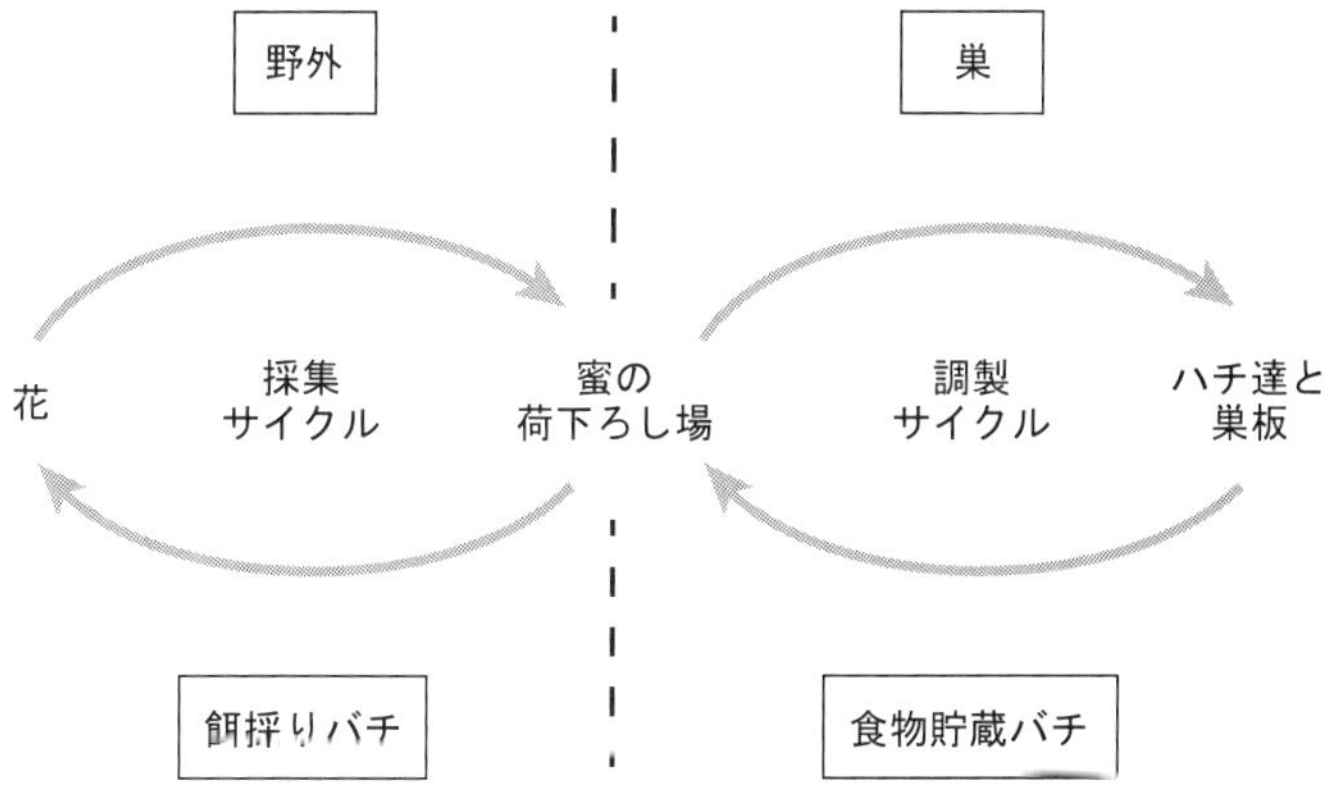

図 A　ハチミツ生産過程を成り立たせる蜜採集と蜜調製の 2 つの切り離されたサイクル。採集サイクルは主に野外で動き、餌採りバチが花で蜜を集め、家に持ち帰り、それからもっと集めるために花に戻る。調製サイクルは全て巣の中で行われ、食物貯蔵バチは荷下ろし場（巣の入り口のすぐそば）で、あらたに帰ってきた餌採りバチからの蜜を荷下ろしし、新鮮な蜜を他のハチ達に与えるか、あるいは貯蔵のために巣板に運ぶ。このサイクルを繰り返すために、荷下ろし場に這い戻る。

蜜の採集と蜜の調製の速さを合わせることは難しい問題である。なぜならば、群れにとって蜜の手に入りやすさは、花を咲かせる植物の働きと天候条件によって毎日変わり、予想できない変動が生じるからである。群れはできる限り多くの蜜を得ようと試みるので、流蜜の間、花がより多く蜜を供給し始める時なら、蜜採集の速さは増加する。そのため、群れの蜜採集の速さは、ある日と次の日の間でさえ、劇的に変わりうる。例えば、涼しい、雨の日には、群れの蜜採集は全くないかもしれない。一方、暖かい日で、花から文字通り蜜が滴る時にはその蜜採集の速さは一日で、四・五キログラム以上となる。群れの蜜採集の速さが大きく変動すれば、次にその群れの蜜調製の速さを強く調節する必要がある。

あるミツバチの群れはその蜜採集あるいは蜜調製の速さを、それが必要な時にはいつでも素早く上げることができる。これらの二つの調整は、餌採りバチが二つの異なる募集シグナルを作り出すことによって、なしとげられる。それは尻振りダンス［巣板の上で垂直な線に対してある角度をもって前進しながら、腹部を左右に激しく振る。ある点に達すると左または右に体を回して、出発点に戻る。8の字ダンスとも言う］と、身震いダンス［巣板の上をでたらめにスローテンポで歩きながら、脚の振動によって体を前後左右に揺する行動］である。尻振りダンスは群れの老齢のハチをより多く募集する。それは彼らに巣の外の蜜源への方角を知らせるために行われる。身震いダンスは群れの中齢のハチ達を蜜の調製の仕事にうながす。この仕事は巣の中で行われる。一匹の食物貯蔵バチは帰ってきた餌採りバチと巣の入り口のすぐそばで出会い、彼女の舌を餌採りバチの口に伸ばし、餌採りバチが吐き戻した蜜の滴を飲む。次に食物貯蔵バチは新鮮な蜜を巣箱の内側の深い場所に運び、それを空腹のハチに与えるかあるいは巣板に貯蔵する。最後に彼女は次の餌採りバチから荷下ろしをするために、巣の入り口に近い地点に這って帰る。

一匹の餌採りバチが蜜であふれる花の小区画から――あるいは、砂糖蜜を貯めたハチ狩人の巣板から彼女の群れの巣に帰ってきた時、彼女は尻振りダンスをするか身震いダンスをするか、あるいは何もしないかを決めなければならない。私たちは彼女が巣の中で食物貯蔵バチをどれくらい長く探さなければならないかに基づいて、この決定をすることを今は知っている（図B）。もし、餌採りバチが食物貯蔵バチをわずか二十秒以下しか探す必要がなければ、それは沢山のハチ達がすでに食料貯蔵バチとして働いていることを示し、彼女は尻振りダンスをしてより多くの餌採り

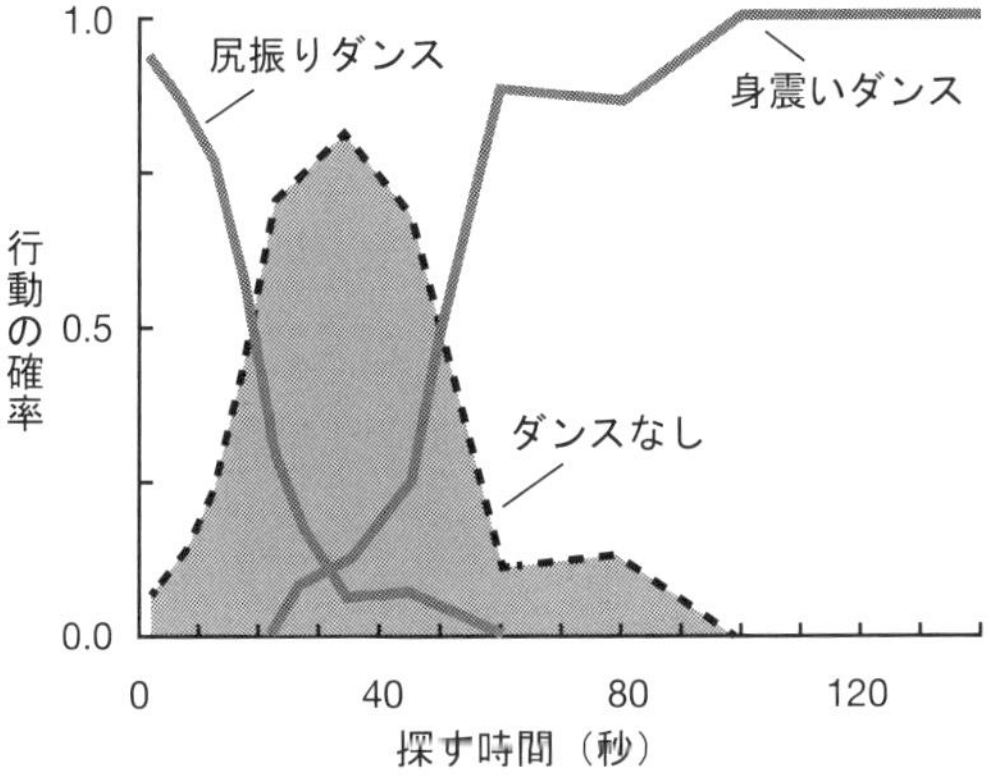

図 B　蜜の豊富な源を利用する餌採りバチのために、巣の中でハチを探す時間に関係するダンス行動。1 匹の餌採りバチの「探す時間」は、彼女の集めた新鮮な蜜の荷物を受けとる食物貯蔵バチを巣の中で探すために、彼女が必要とする時間の長さである。探す時間が短いと（20 秒以下）、彼女は尻振りダンスを行って餌採りバチを募集する。この時間が長い（50 秒以上）と、彼女はそのかわりに身震いダンスを行って食物貯蔵をうながす。

バチを募集して、彼女が出会った豊富な食物に向かわせるだろう。しかし、もし、彼女が五十秒以上も食物貯蔵バチを探さなければならないなら、それは、より多くの蜜の受け取り者がその巣箱には必要であることを示す（ある銀行で並ぶ人が多ければ、より多くの窓口が必要なように）。そして、彼女はより多くの中齢のハチ達が食料貯蔵バチとして働くことをうながすために身震いダンスを行うであろう。そして、もし彼女が探す時間が二十〜五十秒の間ならば、それは「ハチミツ工場」がスムーズに稼働し、蜜採集と蜜調製の速さが効果的にバランスがとれていることを示し、彼女は尻振りダンスも身震いダンスもしないであろう。

餌採りバチが巣に帰って待たされる時、尻振りダンスから「ダンスなし」あるいは身震いダンスに切り替えるという事実は、なぜ強い流蜜の間にハチ狩りが失敗するかを説明する。

蜜がすごく豊富である時、餌採りバチはその花で速やかに荷積みし、そして巣に頻繁に帰るであろう。餌採りバチの帰りが活発であると、荷下ろしの遅れが起こる（二十秒以上）。それは次にこれらのハチ達が尻振りダンスをすることを妨げるであろう。それ故、力強い流蜜の間は、もしあるハチ達がハチ狩人の砂糖蜜で満たした巣板を利用し続けたとしても、彼らは巣に戻った時尻振りダンスをしないであろう。そのダンスは餌採りバチを募集し、ハチ狩人が巣板で多くのハチに食物を与えるために必要なものであるからである。

第4章　ハチの飛翔ルートを確かめる

ある暖かい日、野の花は咲き、日の当たる、さわやかな風の屋外で、ミツバチの野生の群れを狩るのに熱中することを想像してみよう。ハチ箱を作り、ハチ狩人の道具を集め、最初のハチ狩りを始める場所を決めたとしよう。それは、友達の家の裏庭、あるいは州立公園や自然保護地でもよいし、市の中心の公共スペースでもよい。例えば、ニューヨーク市のセントラルパークは申し分がない。私は都市造成の傑作である、この三三七ヘクタールの木が生えた場所に、幾つかのミツバチの野生の群れが棲んでいるのではないかと思う。

以前、私はマサチューセッツ州ケンブリッジの中心で、都会のミツバチの狩りを楽しんだ。この狩りは一九七九年四月の晴れた暖かい日曜日に行われた。それは私が二日前、ハーバードヤードを歩いている間に思いついたことである。そこはハーバード大学のキャンパスの中で最も古い場所で、ケンブリッジの密集した建物の間の見事な緑の空間であった（図4・1）。私はメモリアルチャーチの前のクロッカスの花壇で、ミツバチ達が紫、黄色、白色の花から花粉を集めるのにブンブンいっていることに注目した。これらのハチ達の風景を楽しんでいる間に、彼らの家の住所はどこかと不思議に思

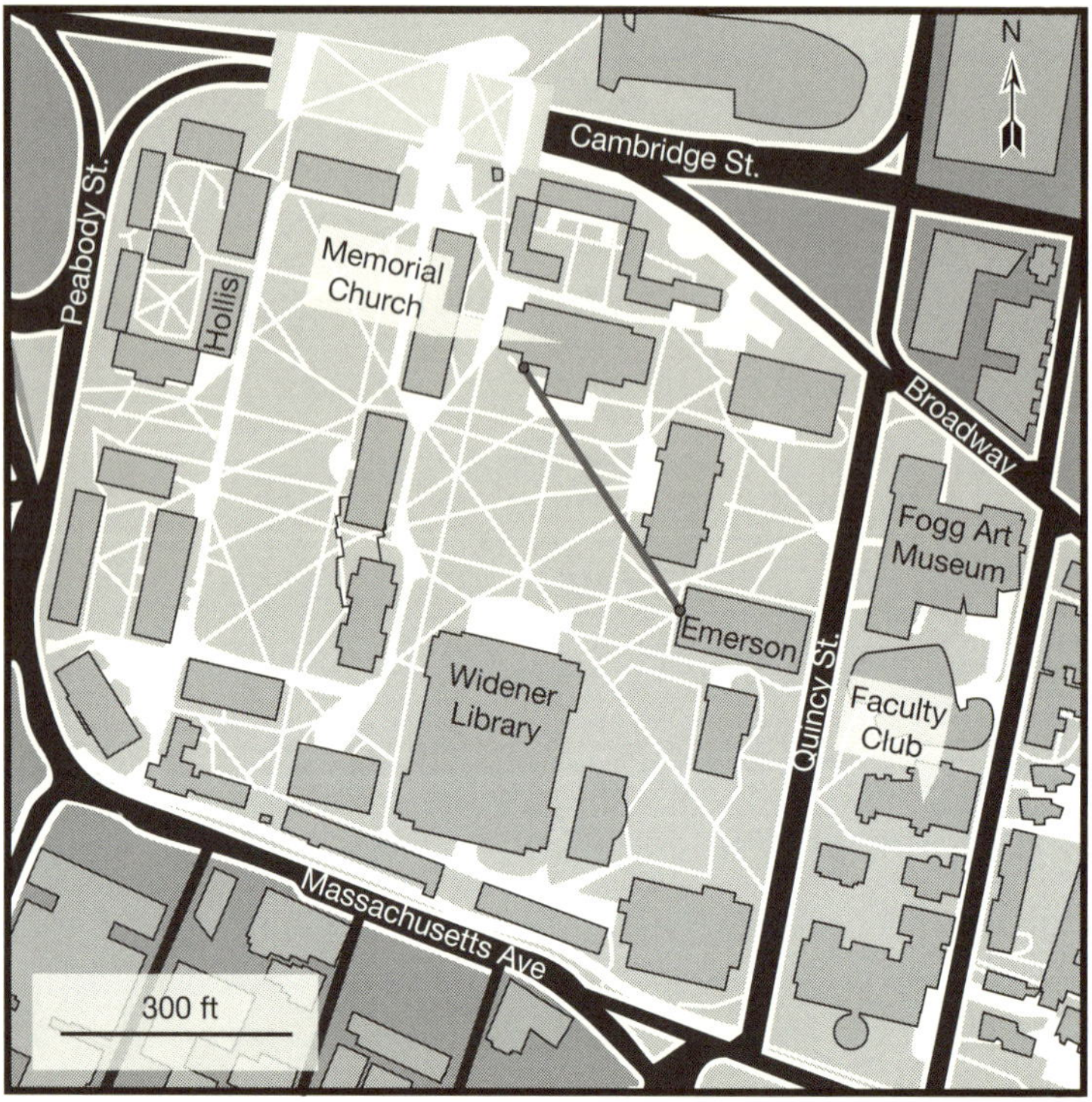

図4・1　ハーバードヤードの地図。メモリアルチャーチの前からエマーソンへの線はハチ狩りの経路で、メモリアルチャーチの前のクロッカスの花壇から始まり、ちょうど108メートル離れたエマーソンホールの西の扉の上の割れ目の中に棲んでいる一つの群れで終わる。

い始めた。私は前に、ミツバチの三つの群れが、ハーバードディビニティスクールの隣の家の庭にある巣箱に棲んでいることを見つけていた。そこはこのハーバードヤードから約八〇〇メートルのところだった。この小さい養蜂場は家の庭を囲う垂直の一・八メートルの板塀の後ろにうまく隠されていた。しかし働きバチがブーンと音を立てて塀を越えて往来しているのが私の注意を引いた。塀の板の間のわずかな隙間から覗いて、巣箱を見ることができた。私は比較動物学博物館の前のオックスフォードストリートに沿った、サトウカエデの中に棲んでいる一つのミツバチの群れも見つけていた。これはハーバードヤードから約四〇〇メートルだったので、ハーバードメモリアルチャーチの前のクロッカスの上でミツバチを見つけたことには全く驚かなかった。しかし、どこから彼らが来たのかについて知りたくなった。そして、この都市の環境の中で、ハチ狩人としての私の技能を試してみたくなった。

私は好奇心から、ハーバードヤードのクロッカスの花壇でハチ狩りを始めることに決めた。私はまた、このハチ狩りをジョージ・H・エドゲル教授の記念のために行うことも決めた。彼はこの場所でフォッグ美術館のそばを行ったり来たりして、しばしば歩いたにちがいない。もしその時、私がヘンリー・デイビッド・ソローもまた一人の熱心なハチ狩人であったことを知っていたなら、ソローの記念としてもこの狩りをしたであろう。というのも、ソローはハーバードカレッジの学生の一人で、ホリスホールに住んでいた時（一八三三－一八三七）に、きっとここを歩き回っていたはずだからだ。

私は狩りを、メモリアルチャーチの前に沿ったクロッカスの花壇でハチ達を捕らえることから始めた。そこは私が最初に彼らに気付いたところである。私は、これから述べようとする方法を用いて、一時間以内に南東の方向に走る強力なハチ道を確かめた。この狩りを始めた時には知らなかったが、これらのハチ達の家はハーバードヤードの中にまさにあった。実際、それは私の出発地点から見える範囲内にあったのだ！　ミツバチ達が家に向かって飛び去る方向を探すと、間もなく彼らのすみかを発見した。それはクロッカスの花壇からわずか一〇八メートルのところにある、エマーソンホールの西の外れの大きな扉の上の割れ目であった。

二年前、偶然に、私はハーバードヤードのすぐ外側にあるハーバードファカルティクラブのそばの木の枝から、一つのハチの大群を振るい落とした。この木はエマーソンホールの西端からわずか九〇メートルのところにあった。この大群を採集する間、これらのハチ達がどこから来たのかを不思議に思っていたが、今やこの謎は解けたようである。

狩りのスタート

狩りを始める場所がどこであれ、そこに着いた時の最初の仕事はミツバチのいる花の小区画を見つけることである。理想的には、そこはハチが一杯いる日の当たった場所であろう。しかし、それは本質的なことではない。これまで私は花の小区画から多くのハチ道を確かめてきたが、まず一匹のミツバチを見つけるのに五分か十分、狩りをする必要があった。ここで第1章のカーク・ヴィッシャーと私の最初のハチ狩りでの経験を思い出してみよう。その時、私たちはアーノットの森の中で咲いている、ノイバラの花の藪の上の一匹を見つけるまでほとんど一時間半、餌を探すミツバチを探していた。もちろん、誰でもミツバチを探しに行く前に、働きバチがどのように見えるかを知りたいと望むのは当然である（図4・2）。ミツバチは一般的になめし革の色をしており、多くの人がミツバチと間違える、大きい毛むくじゃらの黒と黄色のマルハナバチよりはるかに小さく、スマートである。

ひとたび、ある花で一匹のミツバチを見つけたら、次の仕事は彼女を捕らえることである（口絵4ページ）。そのためには、ハチ箱を一杯に開け（中仕切り板はしっかりと閉じたまま）、それを静かにハチの上に動かす。それから、箱の口をハチから二・五センチから五センチ以内に置いた時、ハチがまだ花の上にいる間に彼女を箱の内側に捕らえるようにそれを速やかに押す。次の瞬間、ハチが飛び去る前にぴしゃりと扉を閉める。この策略を巧みに実行することは難しくないが、いくらか練習を要する。そして、ある植物の花では他のものより、簡単に捕獲できる。一番はアキノキリンソウとトウワタのような花。あるいはタンポポ、白クローバー、ヤグルマギク（*Centaura* spp.）、クロニンジン（*Daucus carota*）、キクニガナ（*Cichorium intybus*）のような細長い茎の端に多くの花がつくものである。練習では、最初の挑戦で一〇匹のハチ達のうちおそらく八匹を捕まえることに成功するであろう。幸いにも彼女を捕らえる最初の試みから逃れたハチは飛び去ることはなく、餌採りをするために近くの花に止まる傾向

図4・2　ネコヤナギ（*Salix discolor*）から花粉を集める働きバチ。

があり、彼女をすばやく捕まえるチャンスがもう一回あるであろう。

花の上のハチ達を捕まえることは必須である。私の経験では砂糖蜜で満たした巣板を単に外に置き、花の上で働いているハチ達がその場所で花を捨てて、巣板の探索に切り替えることを望むのは、たとえアニスの魅力的な匂いを塗ったとしても意味が無い。秋の強い霜のあとのように花が目立って不足している時、餌を集めるハチ達が匂いのする砂糖蜜を満たした巣板に引き寄せられることは確かである。しかし、これは例外である。そしてそのような極端な飢えの状況でさえも、餌採りバチが無料のランチを発見するまでには何時間も待つことになるだろう。ほとんど常に、ハチ達はどこかで花を探すか家で休んでいるのだ。

ジョージ・H・エドゲルは彼の本『ハチ狩人』で、五十年以上のハチ狩りの中で、一回だけ偶然にハチ道を確かめたようすを語っている。それは秋で、霜が全ての花をほとんど枯らしていた。彼は一つか二つの花が見つかるのを期待して、保護された開墾地をハイキングした。そして彼はハチ箱に一匹のハチを捕らえるために探し回った。その間に、彼は一つの丸石の上に、空の巣板を入れた予備のハチ箱を開けて置いていた。十五分か二十分間、ハチを見つけられないまま、彼が道具を集めるために帰ってきたところ、一匹のミツバチが空の巣板のまわりを回っているのを見つけた。彼女は疑いも無く、巣板とアニスの匂いに引きつけられていた。そこで彼は、スポイト瓶に蜜を詰めてハチを驚かさないように巣板の上に滴下した。彼女は降りて、荷積みをし、飛び立った。そして間もなく戻ってきた。数分後、彼女の仲間が加わった。

私がハチ箱を使ってハチを花から捕らえることなしにハチ道を確かめたのは、二回である。その時、私は八月の暑い日にハチ狩りに出ていて、ハチ達が池の縁や川、あるいは他の湿った場所で水を積み込んでいた（図４・３）。ミツバチは暑い日には水を巣板の上に散布して彼らの巣を冷やす。そして、彼らの翅を振るわせることによって気流を発生させる。これは強力な水蒸発冷却を作り出す。私は水を集めるハチ達を砂糖蜜の上で捕まえようとして、道具箱の中のスポイト瓶で、砂糖蜜をハチ達が止まっている湿った場所に滴下した。ひとたび一匹のハチが砂糖の場所を彼女の舌で探り始め、その夢中にさせる甘さを見つけると、私は彼女にぶつからないように注意して静かに四角い巣板を彼女のそばに置いた。通常は、彼女が巣板の上に登り、そのファーストクラスの食べ物の喜ばしい供給を発見する。

図４・３　働きバチがアオウキクサ（*Lemna minor*）の浮いた葉の上に止まりながら、池の表面から水を集めている。

　けれども、めったに会うことのない水集めのハチを、蜜で満たした巣板に登るようにうながす必要はない。それよりも、花の上で一匹の餌採りバチをハチ箱の中に捕まえる方がよい。一匹のハチでもハチ道を確かめることはできる。しかし、もしハチ箱に半ダース以上のハチ達を捕まえることができるならば、より成功率が上がるだろう。そこで最初のハチを閉じ込めたのち、捕まえたハチ（達）をハチ道をたどるために放す前に、五分か十分間、より多くのハチを捕らえるように試みる。

キャッチ&リリース

囚人を自由にする前に、重要な決定をしなければならない。それはハチ達を放す時にハチ箱をどこに置くかということである。理想的な場所は、障害物がなくあらゆる方向に三〇メートル以上の視界が確保できるところである。そうすれば、ハチ達を自由にしたあと、彼らが飛び去る道を長く見つめることができるであろう。これによって、彼らが小さい食物補給場所のなじみの顧客となるように、彼らの消える方角を正確に判断できるだろう。広い牧草地の中央などが理想的である。しかし、通常は芝生や道のそばの開墾地のような、あまり広くない場所でそれをすることになる。もし、ハチ箱の台を運んでいたら、それを最も視野の開けた場所に運び、平らな地面の上に台がぐらつかないように置く。

今や、ハチを捕らえたハチ箱は台の上に置かれた（図4・4）。五分後、ハチ箱の覆い布を取り除き、静かに扉を開く。大部分のハチ達は暗闇の中で蜜を見つけてそれを飲み終わっている。けれども一匹か二匹はまだ飲んでいる最中である。一杯に飲み終えたものは、彼らの翅や触角についた蜜の小さい汚れを取り除くために身繕いをしている。けれども、一分か二分のうちに、飲み終わった全てのハチ達は飛び去る。彼らが残らず出発した時、蜜で満たした巣板をハチ箱から出して、台の上に移し、放したばかりのハチ達が帰ってきても見つけやすいようにする。そして、花からハチ達を捕まえる全ての過程を繰り返し、彼らを蜜に呼び寄せては、最後には家に帰らせるようにする。このキャッチ&リリースの過程を繰り返すことによって、ハチ道を確かめる確率を高める。

図4・4　ハチ達を砂糖蜜の餌に導く。上：ハチ箱の扉と窓のカバーを閉め、中仕切り板を引き上げる。そうすれば後ろの部屋に閉じ込められたハチ達は前の部屋の中の蜜で満たした巣板を見つけることができる。下：ハチ箱はそのまま置く。しかし、餌を飲んでいる最中は光を通さない厚い布で暗くしておく。

飛び立つのを待つ

一匹のハチが餌場を最初に出発する時、彼女はまず後ろを向き、餌の場所を見て、それからゆっくりと8の字状に飛ぶ範囲を広げて飛び去る。彼女はこうした定型的な飛翔を、ハチ箱の姿とそのまわりの目印の配列を記憶するために行うのだ。それは彼女が帰ってきた時、蜜で満たした巣板を真っ直ぐに見つけることができるようにするためである。もちろん、彼女が消える方向、すなわち家への方向を知りたくてたまらないだろうが、彼女が輪を描くと、彼女から目を離さないようにするために、体をねじったり、回したりしなければならない。彼女が太陽の前を飛ぶ時には視界から消える。また、木々を背景にして飛ぶ時にもその姿が消える。もしハチの家への飛翔から、彼女が北よりも南に向かっているかどうか、あるいは西よりも東に向かっているかどうかを確かめることができたら、見事に観察をやり遂げたといってよい。彼らがハチ箱と近くの目印に十分に慣れて、真っ直ぐなコース――それが真のハチ道である――をとって家に帰るようになるには、半ダース以上のハチ達がハチ箱から旅をする必要があるだろう。

もし条件が正しく、流蜜のピークの間にハチ狩りをしているのでなければ（生物学の部屋3参照）、放したハチ達の少なくとも半分は、美味しい砂糖蜜のもう一荷のために餌場に戻るだろう。彼らは家に帰って尻振りダンスをして巣の仲間を募集しさえするだろう。もし、花が貧弱な量の蜜しか分泌しない時期に狩りをしたなら、蜜を満たした巣板はハチの注意を引く上で花と競争することはほとんどない。そこで、この募集は速やかに起きる。ハチ達を放して一時間以内に、一ダース以上のハチ達が同時に巣板まで荷を仕入れにくるだろう。それは、私のハーバードヤードでのハチ狩りの間に起きたことである。しかしながら、もし家の遠いハチ達を捕まえてしまったなら、放したハチ達は誰も帰ってこないか、これらのハチ達がくりかえし蜜の荷を集めに来ても、巣の仲間は連れてこない。これはいらだたしい。そこで最良の方法は一週間待ってふたたび試みるか、あるいはハチの木にもっと近い可能性のある別の場所で狩りを始めるかである。

しかし、最初の日のハチ狩りは条件がよかったとしよう。捕らえたハチ達の家は何キロメートルもかなたではないとしよう。そうすると放したハチ達のうちの一匹は十分以内に戻ってくる。今や、狩りのもっともエキサイティングな瞬間の一つがやってくる。というのは、この戻ってきたハチに餌場に着陸して荷を積んでもらいたいからである。しかし、彼女は用心深く動き、すぐには降りない。そこで、このハチが神経質に動き、最初は着地せずに巣板のまわりを回り、視野の外に突進することは、驚くにあたらない。しかし、その後帰ってきて、狭い輪を描きながら巣板に接近し、巣板のちょうど上で小さい翅を鋭くブンブンいわせて、ホバリング〔滞空飛翔〕する。この時には、座ったまま動かずに、息を殺し、彼女をおびえさせてはならない。遂に、彼女は着地し、羽ばたきは終わり、舌を砂糖蜜に差し込む（図４・５）。彼女は静かに荷を積み込む。

図４・５　餌採りバチが舌を伸ばして、四角い巣板から砂糖蜜を飲んでいる。

今から、彼女は「私のハチ」である。すなわち、彼女のために豊富な食物を保つ限り、巣板に訪れ続けるであろう。そこで「ハチ道」の追跡をスタートさせるのだ。

一分か二分のうちに、狩りの小さい助っ人は荷積みを終えて出発する。再び、体をねじり、ふりむいて、彼女がゆっくりと輪を描く間、彼女を視野に保つために頭をめぐらせなければならない。それは彼女がいかに家への道を見いだすかを学んでいるからである。最初のうちはおそらく、彼女が直線的に飛び去る前に、明るい太陽あるいは暗い木々のせいで彼女を見失うことだろう。しかし、やがて彼女の描く輪が、だいたいある方向に向いているのを見つけるだろう。そこで、次の時には彼女を見るために自分の位置を調整することができる。まもなく、他のハチ達が到着する。大部分は花の上で捕まえて放した個体である。しかし、あるものは、ハチ達によって巣の中で行われた尻振りダンスに従った新人である。このダンスに従うことによって、これらのハチ達はぜいたくな、無料のランチの場所と匂いを学んだのである。

多数のハチ達が巣板を訪れた今こそ、彼らのうちの約一〇匹に個体識別のためのペイントで印をつける時である。これはハチ達の仕事を一匹一匹区別し、はるかに興味深いものとする。ハチ達はペイントをつけられるのは好きではない。しかし、一匹のハチに小さい駱駝の毛の筆、あるいはペイントペンの湿ったペン先で巧みに、静かに触るならば、彼女はこの装飾をあまり騒ぐこと無く受け入れるだろう。ペイントはハチの、体の中央部である胸部の上に塗るのが最も簡単である。ペイント印の場所は両翅の間のけばだった部分である。しかしピンの頭ほどの大きさのペイントをつけるように注意する（口絵5ページ）。ハチ達の翅あるいは翅が胸についている、翅の基部の蝶番の上にペイントをつけないよう最善をつくすように。それは翅の先あるいは翅の付け根の上のペイントは最小の点であっても、長い身繕いを引き起こすからである。それは働きバチが飛翔機械を十分手入れされた状態に保つためである。熟練したハチ狩人はまた、ハチの腹部（体の後ろの部分）の上にペイントを塗ることができる。しかし、これにはハチが彼女の翅を腹部の上に畳まずに広げている必要がある。時には、ハチが巣板の縁の巣房から砂糖蜜を吸って腹部をたらして、その背面が彼女の翅から離れているのを見るだろう。そのようなハチは騒がずに腹部のペイント印を受け入れる。

方向を見定める

最初のハチ達の仲間を放してから、時間か二時間がたつと、一時に巣板に一〇匹以上のハチ達が止まって、到着と出発が頻繁になる。また、多くのハチ達が一〇回以上行ったり来たりして、その場所に慣れてくる。そこで彼らは荷積みをするとすぐに飛び立ち、真っ直ぐに去って行く。これらのハチが太陽に向かって急角度に飛んで行かなければ、彼女が消える前に約五〇メートル以上追跡することができるであろう。これらの長い距離の観察をするごとに、そのハチを最後に見た方向にある目印を頭に記憶し、それから、コンパスを用いてハチが消えた方向を読み取る。そしてそれらをノートブックに記録するとよい。そうすることは、どの方向がハチ達の家への主な道として現れるかを知る助けになる。もちろん、ハチによってデータはばらつくであろう（図４・６）。ハチ達は彼らが同じ巣から来ても、家までさまざまな道筋をとるであろう。例えば、ハチ達の家の手前に約五〇メートル離れて高いマツがあると、あるハチ達けその左を回るだろうが、他のもの達は右に迂回するであろう。そ

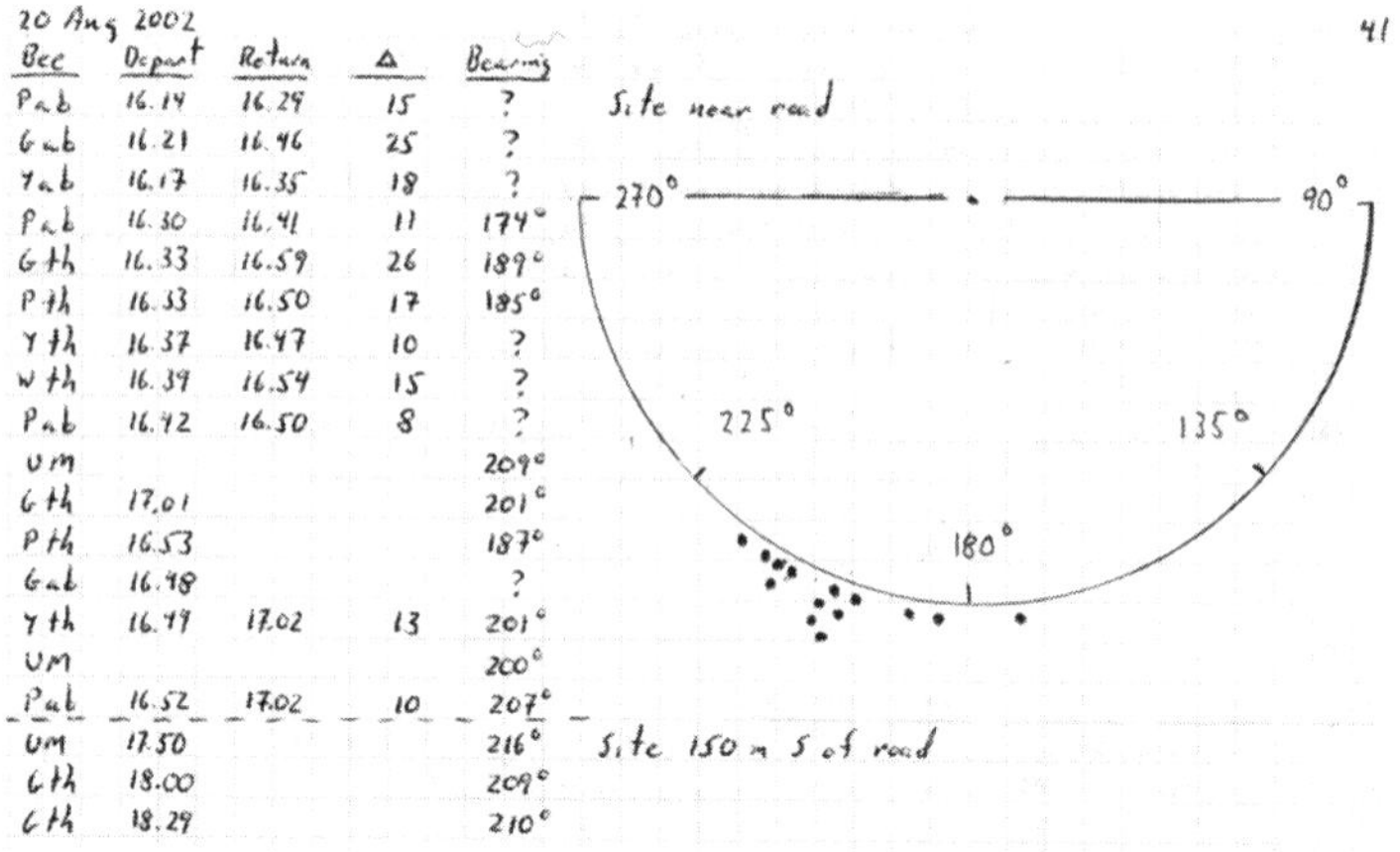
20 Aug 2002 41

Bee	Depart	Return	Δ	Bearing
Pab	16.14	16.29	15	?
Gab	16.21	16.46	25	?
Yab	16.17	16.35	18	?
Pab	16.30	16.41	11	174°
Gth	16.33	16.59	26	189°
Pth	16.33	16.50	17	185°
Yth	16.37	16.47	10	?
Wth	16.39	16.54	15	?
Pab	16.42	16.50	8	?
UM				209°
Gth	17.01			201°
Pth	16.53			187°
Gab	16.48			?
Yth	16.49	17.02	13	201°
UM				200°
Pab	16.52	17.02	10	207°
UM	17.50			216°
Gth	18.00			209°
Gth	18.29			210°

図４・６　飛び去る時刻と方向のデータを示す、ハチ狩りノートブックの頁。方向のデータは大きくばらついているが、一般的パターンは明らかである。ハチ達の家への方向は約200度［ほぼ南南西］である。

して少数のものは高く飛んで、それを越えるであろう。ハチ達が出発する方向の記録を用いて、これら全ての方向の平均値を計算することができる。これによってハチ達の家の方向の最良の推定値が得られる。

しかしながら時には、ハチ達が消える方向を読み違えることがある。例えば一九七八年八月二十九日、私は、アーノットの森の北部で、東西に走っている道路のそばでハチ道を確かめた。私はトウワタの木のある場所で働いている餌採りバチ達を用いた。また、このトウワタで輝くトルコブルーのモナーク蝶（*Danaus plexipuss*）の蛹を見つけた。これは私が野外で見つけた唯一のモナーク蝶の蛹で、ハチ狩りの間に発見したことは偶然ではない。とにかくハチ狩りの成功の秘訣は、花、餌場を訪れるハチ達、彼らの飛ぶ経路に沿った木々、天気の徴候、土地の形状、その他野生の獲物を追跡することを助けるものは何でも、それに注意を集中することである。ハチ狩りは私の自然を親密に観察する上での技能を鋭くしたが、ハチ狩りをやれば誰でも同じようになることは確実である。

幸いなことに、トウワタの場所で捕らえたハチ達は、速やかに好ましい食物源として私の巣板を受け入れた。彼らが荷積みを終え、飛び立った時、大部分はほぼ西の二六〇度の方向に走る道を真っ直ぐに飛んで行った。しかしながら、あとで、このトウワタの場所からハチ達の家への真の方向はもう少し北よりの二九四度であり、二六〇度ではなかったことを私は知った。その家は、一・二キロメートルかなたの一本のサトウカエデ（*Acer saccharum*）の木であった。これらの出発したハチたちの目的地は、彼らが消えた方角から北に平均三四度も離れていた。蜜で一杯のハチ達は家に向かって飛ぶのに、最初は西に頭を向け、道によって提供される開けた飛翔路を下り、それから右に向かって、より北寄りのコースに乗り、道の北側に沿って並んでいる高いトウヒの木を越えるのに十分な高度を得たようである。

私にはハチ達によって迷わされた経験がもう一つある。アーノットの森で狩りをした二回目は、今述べたのとは奇妙に異なるものであった。二〇〇二年九月二十日、私はマックレイロードのそばの開墾地の、おそらく六十年前から放棄された道路でハチ狩りを始めた。その道路はアイリッシュヒルの頂上から幾つかの農家の石壁の地下室の穴を通り過ぎて、ほぼ三・二キロメートル南西に走っていた。それから、愛らしいがめったに訪れないオパレッセント滝がある渓谷の日陰の縁の裾に沿っていた。この谷はアーノットの森から現れ、カユタクリークの流れを通る谷の床に達する。私は放棄された畑に生えているアキノキリンソウの、燃えるような花の上で餌採りをしているハチ達を問題なく見つけていた（図6・1の地点10）。そして、まもなく私は餌の巣板のハチ達が二つの一般的方向、一五八度と一九八度に離れるのを見た。それは、南方［＝一八〇度］から少し東と少し西である。この日と次の二日間、ハチ道をたどり、南東に向かって一連の移動をして（第6章で説明するように）、その後、私の出発点から〇・八六キロメートルにある一本のハチの木の位置を突き止めた（図6・1のG）。二日後と三日後、九月二十四日と二十五日に、私はアーノットの森の同じ隅で、もう一つのハチ狩りに成功した（図6・1に示した地点11からHへ）。

そして、そうする間に印をつけたハチ達のうち四匹に再び出会った。それらは九月二十日に地点10から一九八度の方向に飛び去ったものであった。これらの四匹のハチの家の正確な住所を知った今、彼らが九月二十日に（地点10から）家に飛んだ時、彼らはよく知られたハチ道ではなく、曲がった道に沿って私を案内したことがわかったのだった。彼らの家への奇妙な曲線の経路は、突き出た丘の斜面を越えるのではなく、回りこんでおり、そうやって彼らは家への下り坂の飛翔を楽しんだのであった。もし、これらのハチ達が彼らの巣に真っ直ぐに帰るように飛ぶならば、家までの距離は短いが、間に入る丘を三〇メートルも昇って飛ぶ必要があっただろう。それは腹部が砂糖蜜でふくれているハチ達にとってエネルギーの消耗を激しくする。そこでおそらく、より長いが、しかし一貫して下に向かって飛ぶことが、より燃料効率が高かったのであろう。今や最も大切なことは、もし、これらのハチ達が真っ直ぐに家に飛んだとしたら、彼らの消える方角は私が測ったほぼ南南西の一九八度のかわりに、ほぼ南の一八二度であったろう。

ハチ達が真っ直ぐでない、しかし道理のある家への道を採用した、この二つの例はハチ狩人になりたい者がミツバチについて理解し、尊重し、楽しむべきことである。これらの小さい不思議なものはおそらく、「世界で最も理性的で多才な行動をする昆虫」である。私たちは、一匹の餌採りバチが彼女の行動を、その時の状況、群れの栄養上の必要性、花の利益、遭遇した障害に絶妙に適応することを見る。これらの頭の良い昆虫は、それほど多くの適応性に恵まれているので、ハチ狩人は、彼らが消えた方角にもとづいて、ハチの家の方向の推定を一方的に信用することはできない。私たちが今見たように、時にはハチ達は障害物を避けるために家への曲線的な経路をとる。また、ハチ達の適応性は、餌場から家までの往復の時間にも現れるので、ハチ狩人が測定値を解釈する時には、注意深くなければならない。私は、ハチ達の行動を解釈する上でのこれらの二つの困難は、ハチ狩りの大きな魅力であるということを強調したい。とにかく、それがハチ達の行動の複雑さであり、それぞれの狩りの場所のユニークさと共に、無限のバラエティ、知的な挑戦、そして楽しみがハチ狩りをスポーツにするのである。

生物学の部屋　4

巣の仲間を呼び寄せる方法

　餌採りバチが蜜か花粉の豊富な源を見つけた時、彼らは巣の仲間を募集し、それによって、群れが魅力的な餌源を効率よく利用できるようになる。この募集過程の主要なメカニズムは尻振りダンスであり、これはそのハチが彼らの群れの巣の奥深くで、豊富な餌源への最近の旅をミニチュア化するものである。餌源は通常は花の咲いた場所であるが、ハチ狩人の蜜で満たされた巣板でも同様である。ダンサーに従うハチ達は、餌源への距離とその方向と匂いを知る。彼らはこの情報を、指し示された場所への飛翔を操るために使う。

　いかにハチ達が尻振りダンスを用いて連絡するかを見るために、利益の高い餌源から帰った時の一匹のハチの行動に従って見てみよう。ある餌採りバチが彼女の巣から中程度の距離にある蜜で溢れそうな花の小区画を見つけたものとしよう。その距離は一〇〇〇メートルで、太陽の方向に向いた仮想的な線の右四〇度の線に沿っているものとする（図を参照）。餌採りの成功に興奮して、そのハチは群れの巣の空間の内側を這い回り、直ちに垂直な巣板の上に登る。ここで、彼女の仲間の働きバチ達（彼らの全てはこの群れの女王の娘）の群集の真ん中で、彼女は募集ダンン

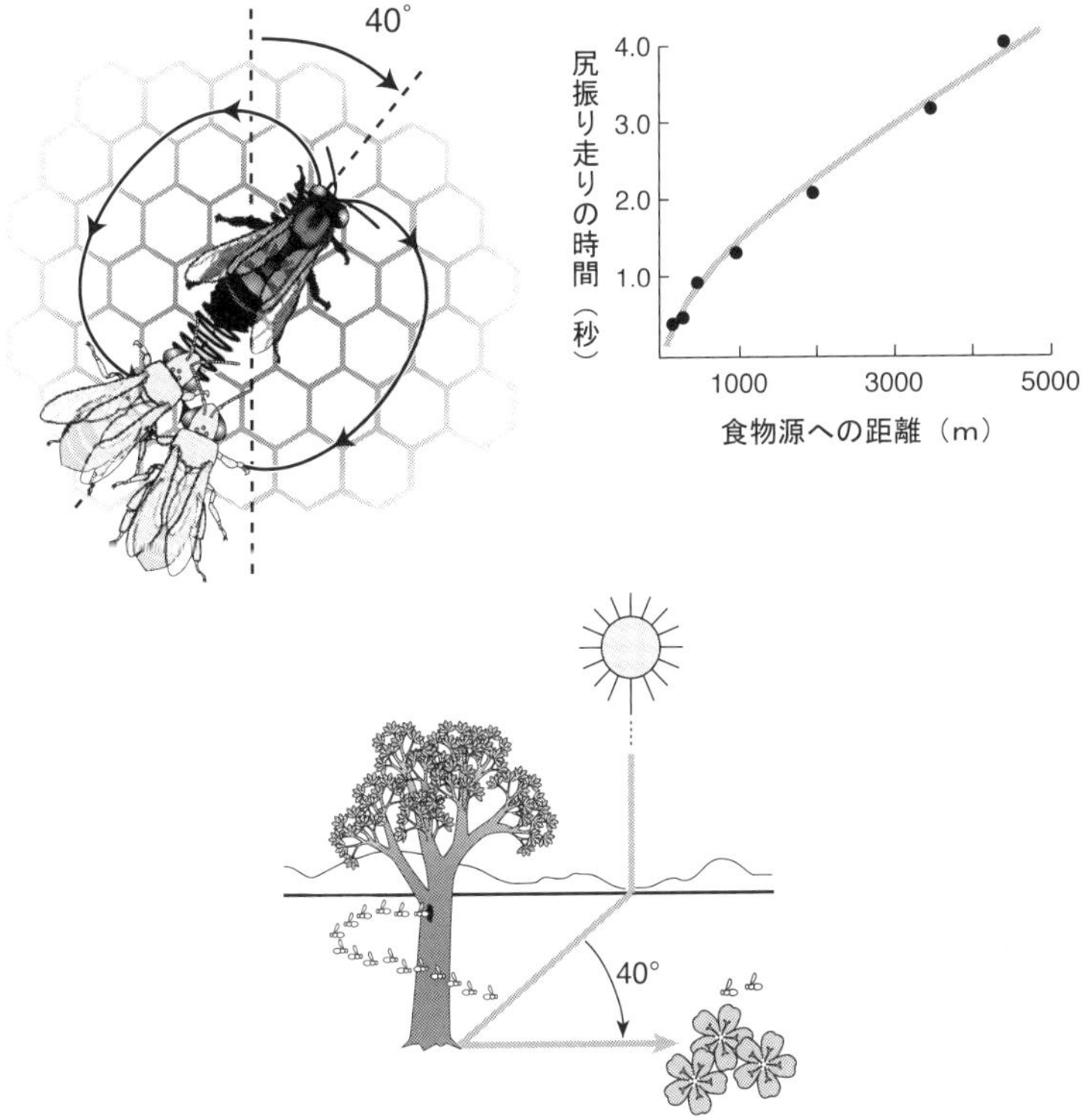

図　いかにして1匹のダンスするハチは、他のハチ達に食物源への距離と方向についての情報を与えるか。上左：1匹の餌採りバチが群れの巣の中の巣板の垂直な面の上で尻振りダンスをする運動のパターン。ダンスするハチは巣板の上で真っ直ぐに歩く。その時彼女は体を左右に振る。ある場所で彼女は「尻振り走り」を止め、左か右に回って、半円の「戻り走り」をして出発点に戻る。このハチはこれらのダンスの輪を、数ダース回連続して行う。2匹の追従するハチ達は、ダンスするハチの情報を得る。上右：距離の情報はいかに表されるか――食物源への距離は尻振り走りの時間によって表される。下：方向の情報はいかに表されるか――巣の外側では、彼女は太陽の方向に対する飛翔方向の角度を記憶し、巣の内部では、巣板の真上に対して同じ角度で尻振り走りを行う。

スを行う。これは小さい8の字のパターンを通って走ることからなっている。一つの尻振り走りに続いて右に向かって回り出発点に戻り、もう一つの尻振り走りに続いて向きを変えて左に回る。このようにして尻振り走りのあとで、右と左に回ることを一定にくりかえす。ダンスのこの尻振り走りは、ハチの行動の最も目立つ意味のある部分である。そしてこのダンスをするハチは、激しい尻振りによって特別な強調を与える——体を横に振り、腹部の先端で最大に、頭では最小に体を横にそらす——そして翅を約二六〇ヘルツ（一秒当たりのサイクル）で上下に振動する。

通常、幾匹かのハチ達が一匹のダンサーの後ろに従って歩く。彼らの触角は聴覚をつかさどり、常に、彼女に向かって伸ばされている。これらの追従者はダンスの音を彼らの触角で検知している。働きバチの二つの触角の最も外側の場所は、約二六〇〜二八〇ヘルツの共鳴振動数を持っている。これは翅の振動数と合致している。その上、それぞれの触角の基部にある振動検出器（ジョンストン器官）は、二〇〇〜三五〇ヘルツの幅の振動に最大の感度を示す。

ダンスをするハチのそれぞれの尻振り走りの方向と継続時間は、このハチによって知らされる食物源への方向と距離に密接に相関している。垂直な巣板の上でハチが行う尻振り走りの方向は、餌場と太陽の方向の関係を示している。すなわち、餌場の方向が太陽の方向に対して、右あるいは左になす角度は、巣板上での尻振り走りの方向が、上方に対して右あるいは左になす角度と同じになるように暗号化されている。図に示した例では、花の場所は太陽の方向の右へ四〇度にある。そして、尻振り走りは真っ直ぐ上から右へ四〇度の角度で対応している。巣と食物源の間の距離は、尻振り走りの時間によって示される。食物源が遠いほど、尻振り走りの時間は、飛行距離一〇〇メートル当たり約七五ミリ秒の割合で増加する。巣内の働きバチ達は尻振り走りの間に発するブンブンという音を検出することができ、おそらくダンスの追従者は各尻振り走りに伴う音の時間を感じることによって、ダンサーの尻振り走りの時間を知覚するのであろう。

方向と距離についての情報の他に、ダンスするハチは餌採り場所での食物の匂いについての情報も提供する。この匂いは、彼女の体を覆うワックス層（クチクラ）の中にとりこまれ巣に持ち帰られる。しかし、しばしばより強い匂いの源は、彼女が家に運んだ食物――それは彼女の後脚の上の花粉あるいは彼女がダンス追従者に吐き戻した蜜（あるいは砂糖蜜）の荷物である。尻振りダンスに従った一匹のハチは、ダンスするハチが漂わせる匂いを速やかに記憶する。募集されたハチ達はダンスの方向と距離の情報を用いて餌の近所に到着したのち、宣伝された食物源の匂いの記憶を引き出して、その位置を正確に決める。これが、ハチ狩人が際立つアニスのエキスの一滴を彼の餌である砂糖蜜に加える理由である。

第5章　巣までの距離

今や、巣板に確実に飛んで来たり、家に帰ったりするハチ達の飛行大隊が得られた。彼らの多くに個体識別のための、目を惹くペイントで印がつけられている。次は、これらのハチ達が餌場の巣板から彼らの秘密の家に旅をするのに、どれだけ長く巣板から離れているかを測るために、出発と到着の時刻を記録する時である。もしデータを賢明に用いるならば、これらの「不在時間」によって餌場の巣板から彼らの家への距離の適切な推定値を出すことができる。この距離はハチ狩りの間で大きく異なり、ハチ達の家の住所の秘密を解く難しさに大いに影響する。私のハチ狩りのノートブックの中の記録を見返すと、過去十五年で成功した二一回のハチ狩り――そのうち一八回はニューヨーク州イサカの南、アーノットの森で、二回はペンシルバニア州ピッツバーグの東、パウダーミル自然保護区で、そして一回はニューヨーク州アクラの近くのキャッツキル山地である――で、私の出発点からハチ達の家までの距離は狩りによって幅広く変わった。最も短い時は四八メートル、最も長いものは一・九キロメートル、平均は七四〇メートルであった。このノートブックにはまた、出発したが、中止した八つの狩りも記録している。中止した理由は、ハチ達のすみかへの距離が余りに遠く、捕まえたハチ達が他の者を餌の巣板に連れてこなかったからである。私はハチ達の隠れた巣を見つけるのに失敗した日が二回もあった。巣に近づいてはいたのだが。ハチ狩人の最も大きい努力と、最も熱烈な願いにもかかわらず、ハチ狩りの失敗はたしかに起きる。そして、それについては第7章で論議する。

ハチ達が巣板からどれくらい長い時間離れているか、また彼らの家がどれくらい遠いのかについての私の荒っぽいガイドラインは、次の通りである。もしハチ達が二、三分だけ不在ならば、ハチの木は極めて近く、目の届く範囲であろう。もしハチ達が五〜九分不在ならば、ハチの木は一・六キロメートル以内であろう。もしハチ達が十五分以上も不在ならば、このハチ狩りはとても望みがない。なぜならば、ハチの木はおそらく二・四キロメートル以上も離れているからである。ハチ達はそのような遠い距離では、巣の仲間を募集しないようである。そして、おそらく巣板にハチ達が沢山来ることも決してないであろう。このような時の最良の行動は、その場所を捨てて、ハチ達が飛び去った方向に一・六キロメートルほど移動し、新しい場所で花からより多くのハチ達を捕まえる全過程を再開することである。

不在時間を測る

原理的には、一匹のハチが巣板から家への旅に過ごしている時間がどれくらいかを計算することは、それ自体は単純なことである。そのためには彼女の出発と帰着の時刻を記録し、その間の差を計算すればよい。離れて行くハチ達の出発時刻をうまく読み取ることは簡単だ。なぜならば、これらのハチ達は彼らが家に向かって離れようとしている時には、はっきりした行動をとるからである。特に、一匹のハチが巣板から砂糖蜜を飲み終わり、舌を彼女の頭の下におさめ、そして、飛ぶために翅や触角を身繕いする。そして、最後に飛び立つ時、彼女はブーンとゆっくり飛び立ちがちである。というのは、蜜の荷物を積み込んでいるので、重量がほとんど倍になっているからである。しかし、帰ってくるハチ達の到着時刻を正確に読み取ることは、それほど易しいことではない。なぜならば、これらのハチ達は、彼らの到着が間近であるという予告を出さないからである。また、彼らは荷物を積まないで飛ぶので、ピュッと速やかに来て、気付かないうちに着地する。帰ってきたハチ達の到着は見落としやすいので、何時に出発したハチの再出現か、誰がまだ帰ってこないかを鋭く見張るように、自身を訓練しなければならない。この到着によってハチのチームのメンバーを追跡することは、記憶力を鍛えるトレーニングとなる。もし素晴らしい記憶力に恵まれていても、ハチ達の出発と到着の時刻、ハチ達が餌場からどれだけ離れているかの値を記録するノートブックが必要である（図5・1）。

ハチ達の不在時間についてのよいデータを得るよりも手際を要することは、これらのデータから彼らの棲む場所への距離を正確に推定することである。これによって、ハチ達がハチ狩りを始めた畑のそばの森に棲んでいるか、あるいは、遠い森の丘の上に棲んでいるかがわかる。不在時間の測定値を解釈するにあたって、印をつけたハチ達が、巣板で荷を積むために一分か二分かかることに注意する必要がある。これは巣に帰った時に、彼女の「蜜」を荷下ろしするために一匹のハチがかける「最小の」時間のよい基準となる。餌採りバチは巣の入り口まで這っていき、彼女の群れの食物貯蔵を担当している中齢の一匹を見つけるのにちょっとの時間——一般的には少なくとも〇・五分——が必要である。印をつけたハチ達は巣板への往復の間に、巣で最低でも二分間は費やすであろう。

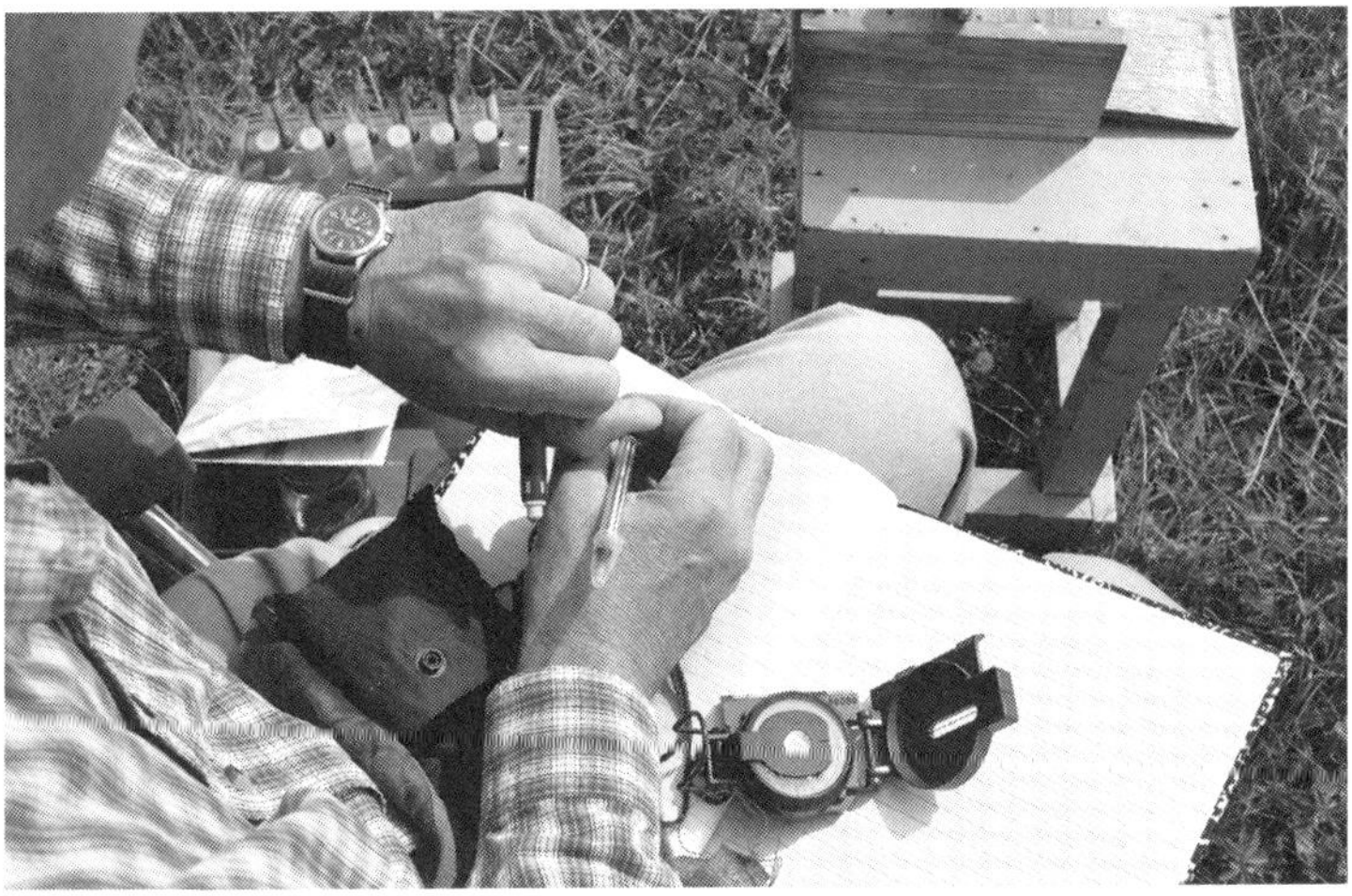

図5・1　個々の識別されたハチ達の不在時間を測るために、餌の巣板から何時に出発したか、そして何時に彼らがそこに帰ってきたかの記録をとる。適切に解釈すると、これらの時間からハチ達の巣への距離のほぼ正しい推定値がわかる。

しかしながら、ある時には、巣で二分間以上を費やすこともあるだろう。これは、不在時間のデータを解釈する時に心に留めておくべき、一つの事実である。巣での長時間の滞在がどのように起こるかを知るために、餌の供給場所から巣に帰った一匹のハチが、巣の入り口のすぐそばの巣板に這い上がり、彼女の蜜の荷を受け取るのに熱心な巣の仲間を見いだすまでをたどってみよう。餌採りバチは彼女の舌を引っ込めて、大顎《おおあご》を広げ、そして家まで空輸してきた甘い液体の小滴を吐き戻し始める。同時に、食物貯蔵バチは舌を伸ばし、豊かな食物を確実に飲む（図5・2）。この荷下ろし過程は通常、せいぜい一分しか続かない。そして、それが完了したあと、食物貯蔵バチは、新鮮な砂糖液をハチミツに「熟成」し始める。彼女はインベルターゼを加え、しょ糖の分子を、より溶けやすい果糖とブドウ糖へと分解する。同様に、ハチミ

図5・2　巣に戻った餌採りバチ（右）は、彼女の蜜（あるいは砂糖蜜）の荷を自分の口器の間に舌をさしこんだ食物貯蔵バチ（左）に吐き戻す。

ツが劣化しないように過酸化水素を起動させるグルコースオキシダーゼを加える。食物貯蔵バチが巣の上部の巣板のある場所に這い上がり、彼女の荷物を巣房に貯蔵し、一杯になると、蜜蠟の蓋をしてハチミツの湿気吸収を防ぐ。十分に熟したハチミツは一四～一八％の水しか含まず、吸湿性（空気から湿気を吸収する）があるからである。

食物貯蔵バチが砂糖蜜をハチミツに変えるのに忙しい一方、巣板からの美味しい食物を家に運んだ餌採りバチは、すかさず餌の巣板に戻るために巣の入り口にあわてふためいて突進するだろう。もしそうなら、彼女は巣の中で約二分を費やすだけであろう。しかしながら、この餌採りバチは豊富な砂糖蜜の供給によってあまりに興奮しているので、大急ぎで帰ろうとはせず、その代わりに数分間尻振りダンスを行うのに忙しいという場合もあり得る（口絵6ページ上）。この餌のある巣板への彼女の飛翔をミニチュア化した再演によって、他の餌採りバチ達はその場所へ方向付けられて、群れにとっての食物の鉱脈の利用が増幅されるであろう。また餌採りバチは次の餌採りにのり出す前に、休んだり、彼女自身の身繕いをしたり（あるいは両方）することもあり得る。もし彼女が、ダンス、休息、あるいは身繕いを選ぶならば、餌場の巣板に出かける間に、巣で二分間以上を費やすことになる。

不在時間と距離の関係

餌採りバチ達のあるものだけが、餌場への旅の間、最小限の時間を費やすので、ハチ達の家への距離の推定は、記録した最小の不在時間にのみ基づいて行うことにする。私が二〇一一年七月三十日のハチ狩りを始めた時に集めたデータを振り返ることによって、これがどのように行われるか一つの例を見てみよう。それは晴れた土曜日で、私は家をほぼ午前七時に出た。私は、この狩りのためにもし必要なら丸一日を使ってもよかった。アーノットの森の出発点に八時三十分すぎに着き、ハチ狩りを始めたいと望む場所には、シロバナシナガワハギ（*Melilotus alba*）が新鮮な花をつけ、ミツバチ達が働いていた。まもなく、ハチ箱に捕らえた三匹の働きバチが放されて自由になるとすぐに飛び立って、そして間もなく、もっと多くのハチ達が帰ってきた。すごい！　これは流蜜が多くなかったことを物語り、そして、餌採りバチ達が私の巣板と巣の間を頻繁に行ったり来たりすることになんの難しさもないはずだった。

図５・３は、私がノートブックに九時五十五分と十時三十三分の間に記録したものを示す。その時、私はこの狩りの出発点にいた。それは、五匹のハチ達に個体識別のためにペイントで印をつけ、そし

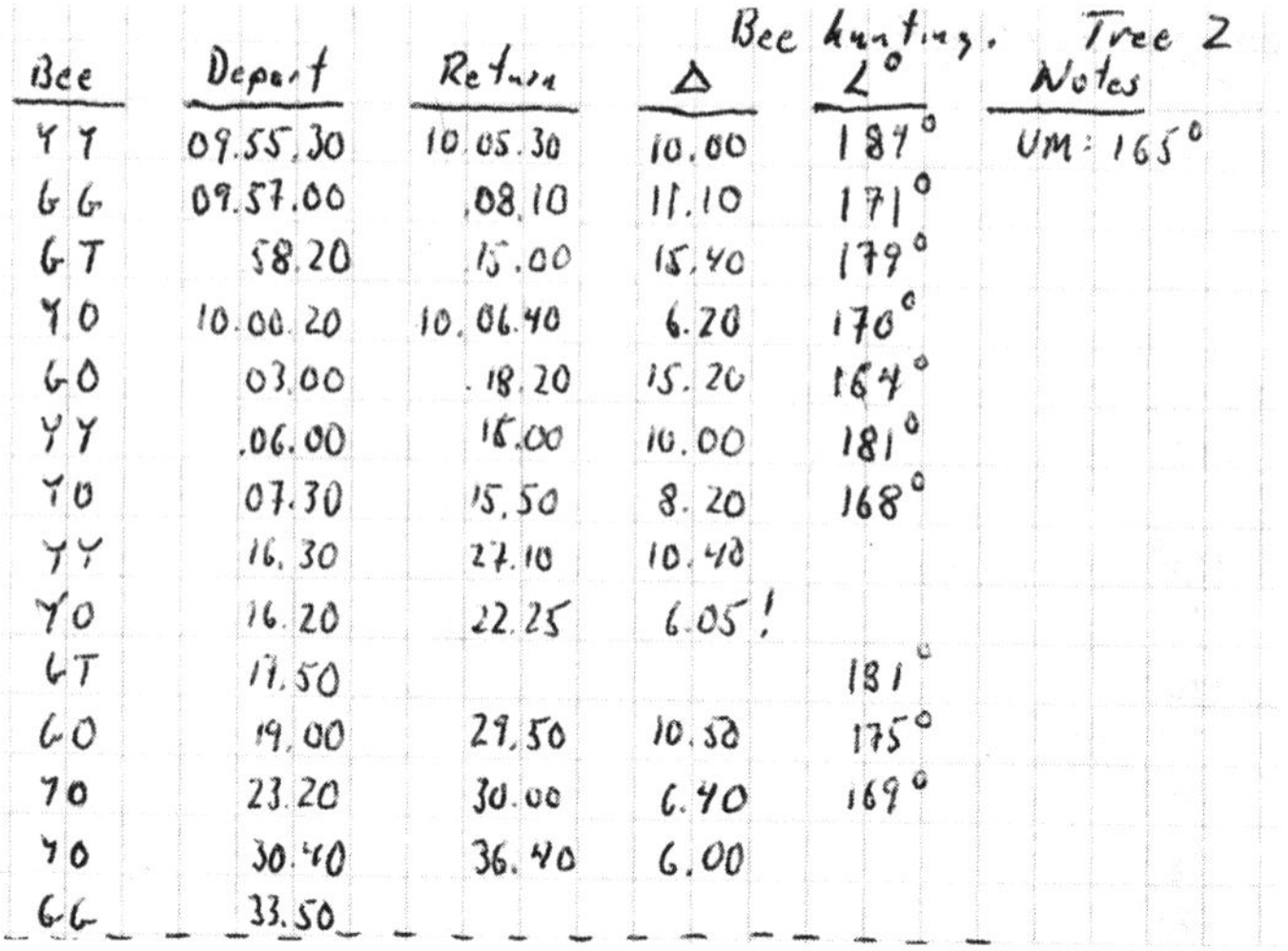

Bee hunting. Tree 2

Bee	Depart	Return	Δ	∠°	Notes
YY	09.55.30	10.05.30	10.00	187°	UM: 165°
GG	09.57.00	.08.10	11.10	171°	
GT	58.20	15.00	15.40	179°	
YO	10.00.20	10.06.40	6.20	170°	
GO	03.00	.18.20	15.20	164°	
YY	.06.00	16.00	10.00	181°	
YO	07.30	15.50	8.20	168°	
YY	16.30	27.10	10.40		
YO	16.20	22.25	6.05!		
GT	17.50			181°	
GO	19.00	29.50	10.50	175°	
YO	23.20	30.00	6.40	169°	
YO	30.40	36.40	6.00		
GG	33.50				

図５・３　2011年7月30日の朝にハチ狩りを始めた時の記録。1匹のハチ、YO（黄色―オレンジ色）は家に向かって飛び、荷下ろしし、餌場に飛び戻るために、約6分しか必要としなかった。全てのハチ達は基本的に同じ方向、ほぼ南に飛び去った。

てこれらのハチ達が私の巣板に定期的に旅をしていることを示す。それらはＹＹ（胸部に黄色、腹部に黄色）、ＹＯ（胸部に黄色、腹部にオレンジ色）、ＧＴ（胸部に緑色のみ）、ＧＧ（胸部に緑色、腹部に緑色）、そしてＧＯ（胸部に緑色、腹部にオレンジ色）である。この記録は五匹全てが、ほぼ同じ方向、約一七四度（ほぼ南）に飛び去ったことを示す。これは、全てが同じハチの木の家に飛んで行ったことを私に確信させた。いくつかの印をつけないハチ達もまた巣板を訪れた。そしてこれらの印なし（ＵＭ）のハチ達の消えた方向の一つを記録した。それは一六五度であった。明らかに、この印の無いハチは、五匹の識別できるハチ達と同じ木の家に飛んで行ったものと思われた。

　しかしながら、巣板から去っていた時間

は、印をつけた五匹のハチ達の間ではっきり違った。彼らのうち四匹――YY、GT、GG、そしてGO――は常に十分以上不在であった。しかし、一匹のハチ、YOは五回のうち約六分以上不在が続いたのは一回であった。これは彼女が家につくたびにすぐに折り返したことを示している。彼女はおそらく巣に突進し、砂糖蜜の滴を一匹の食料貯蔵バチに積み下ろし、次の餌採り旅をするために急いで帰ったのであろう。家でぐずぐずしない、なんと勤勉なハチよ！　私はハチ達の巣への距離を約八〇〇メートルと推定した。私はこの日の終わりまでにはハチ達の家を見つけられると、楽観的であった。

そして餌場を五回動かしたあと、実際午後四時三十三分に、このハチ達の家に最も近い場所に着いた。おそらくその地域では最大の、アカガシワの南面の一三・二メートル上にある一つの節穴からビュンビュンと出たり入ったりするハチ達を見つけた時、彼らの家の前ドアを発見したのだ。この木の位置を地形図に記入し、出発点からの方向と距離を正確に測った時、一七八度（ほぼ南）、九〇〇メートルという結果に喜んだ。ハチ達の消えた方向は私を正確に彼らの家の方向に案内し、そして彼らの不在の最小時間は彼らの家への距離を明らかにしていたのだ。

ハチ達が餌場を訪れた後の不在時間をもとに、あるハチの木への距離を推定するための算出法に、どのようにして私は到達したのであろうか？　最初の段階は餌場から、行ったり来たりするハチ達の飛翔速度の正確な測定をすることである（生物学の部屋5参照）。餌場に向かって飛ぶハチ達と、蜜の重い荷を運んで家に向かうハチ達とは別々の測定を行った。私はハチ達の飛翔速度は、餌場への飛翔と家に戻る飛翔で、それぞれ時速三三・三キロメートルと二三・四キロメートル――すなわち、分速〇・五六キロメートルと〇・三八キロメートル——であることを見いだした。私はまた、到着した餌採りバチが、彼女がある食物源に到着し、そこで蜜を吸い始めるまでに費やす時間はどれほどかを測った（約十秒あるいは約〇・二分）。そして、彼女が家に帰り巣の入り口に着陸するための準備の時間を測った（約二十五秒、あるいは〇・四分）。

これらの餌採りバチの旅の習性についての事実を知る時、餌採りバチは、餌採り旅の最中には巣の中で、最小時間（二分）しか費やさないとみなすと、餌の巣板がハチ達の家から〇・七メートルしか無い場合（したがって飛翔距離はゼロキロ）、餌採りバチは巣板から家への旅をする時に約二・六分（巣の中で費やす二・〇分プラス、巣と餌場で操作するために費やす〇・六分）を費やすと計算する。同様に、もし餌の巣板がハチたちの家から正確に一・六キロメートルにあれば、一匹の餌採りバチが巣板に不在の最小時間は、約十分（四・三分の巣への飛翔時間、二・〇分の巣の中での時間、二・九分の餌場への飛翔時間プラス〇・六分の巣板と巣での操作に費やす時間、合計九・七分）であると推定される。

図５・４は巣板から巣への距離の推定を容易にする方法によって、最速の餌採りバチが家への往復の速さを示す計算結果を要約したものである。この図はまた、一日で二〜四分という不在時間がハチ狩人を興奮させるものであり、五〜九分はなお大いに励まされるものであり、十〜十四分は長い（しかし、続けることのできる）狩りがこれからあるということを示す。

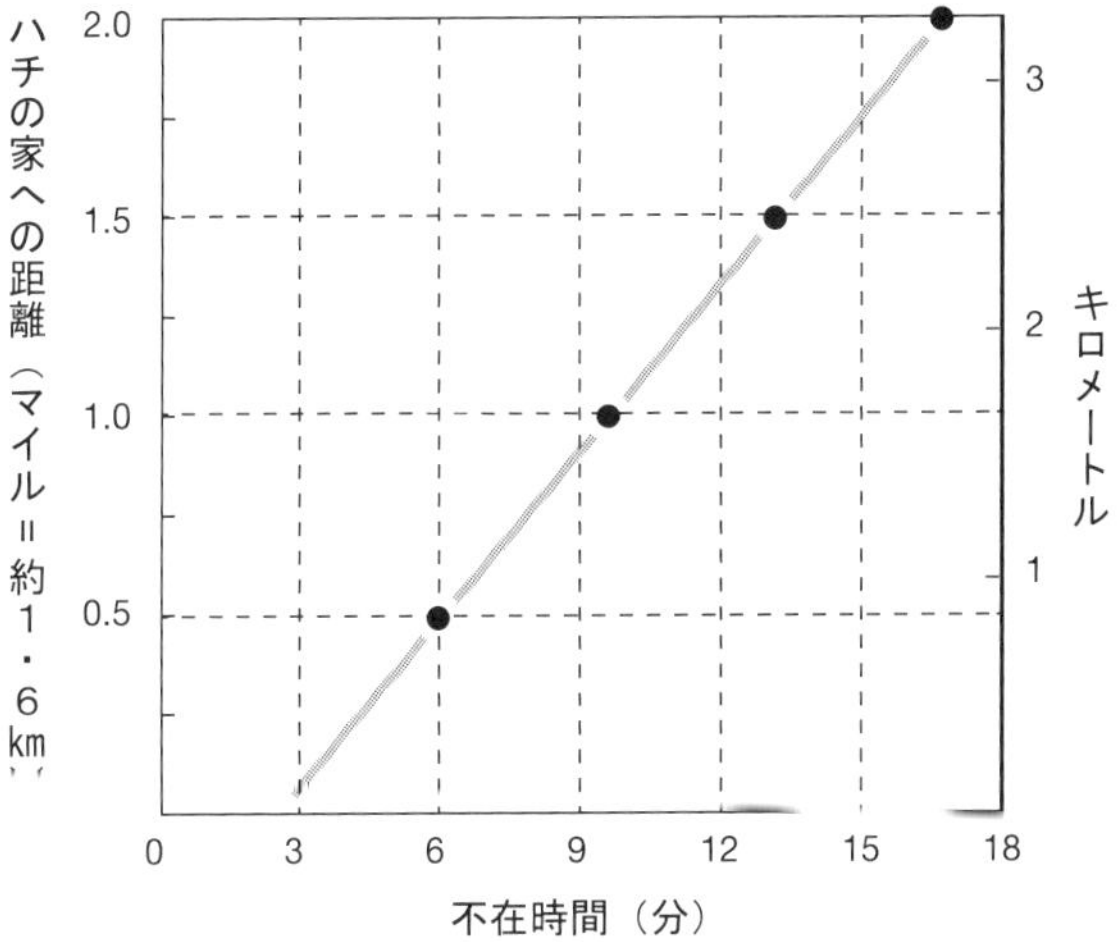

図５・４　１匹のハチの餌場での不在時間と彼女の巣への距離の間の関係。このグラフを図５・３のハチ YO のような最少時間に適用すれば、距離の適正な推定値を導き出せる。

私のビギナーズラック

一九七八年の夏に話を戻すと、私がアーノットの森でハチの木の情報を得て、一人のハチ狩人として最初の経験を積んでいた時、信じられないほどの初心者の幸運を得た。私は三回、餌の巣板を一本のハチの木のごく近くにセットしたので、ハチ達が三分以内で家まで往復したことを見た。それぞれの狩りで、私は最初のハチ達を餌の巣板に約一時間以内に誘導することで、ハチの木を見つけた。この時、餌場を動かす必要はなかった。

これらの狩りの一つは、それまでの最小規模のもので、それは一九七八年九月六日になされた。私はある放棄された牧草地でそれを始めた。その牧草地はアーノットの森とクリフサイド州立林の間の境界を決めている小川のそばの土地の、岩棚の上、森の南西の隅のオパレッセント滝の上にあった。

午前十時十八分に、私は五匹のハチ達を捕まえて放したと、ノートブックに記録している。十時三十五分には、別の五匹のハチ達を捕まえて放したと記録し、その観察の中に次のように書いた。「ハチ達を見つけるのは難しくない。一本のハチの木が近くにあるのだろうか？」。十時四十分に私は最初に印をつけたハチを二四五度（ほぼ西南西）の方角に見た。それはクリフサイドの森と名付けられた、氷河で急勾配になった斜面に真っ直ぐに向かっていた（小川のそばの基盤から、この丘は二四メートル行く間に四五メートル上がっているので、その斜面は梯子のように六二度であった）。まもなく、私は七匹の印をつけたハチ達の出発と帰着の時刻の記録を始めた。そして十時四十九分までにこれらのハチ達の不在時間を計算した。五匹は三分以内すなわち二分三十秒、二分十秒、二分五秒、ちょうど二分、一分五十秒であった。十一時〇六分にノートに次のようにメモした。「ハチの木を見つけるために場所を離れる」。そして、十一時十六分に「一〇〇メートル西に、小川の土手の対岸にカエデの木がある」と続けて書いている。それはおかしいほど簡単な発見であった。というのは巣板から真っ直ぐに畑を越え、流れを横切り、古いサトウカエデの木の節穴にハチ達が飛んでいくのを、小川の向こう側に全て見ることができたからである。私がこのハチ狩りのために、出発点へ往復するために一時間を費やしたことは事実であるが、その中で実際にハチ達の狩りに従事した時間——最初の餌採りバチの捕獲から彼らの巣の入り口を見つけるまで——はわずか五十八分であった。そこで私は「この狩りは一時間以内で完結した」と書いた。

こんな短時間でハチの木を見つけられたのは、数日前にも私が楽しんだ二つの経験に似ている。一九七八年九月二日にアイリッシュヒルの頂上近くで、アキノキリンソウの花から、蜜と花粉を集めているハチ達を見つけた。私はこれらのハチ達が行くハチ道を突きとめた。ここでは餌場から不在となる時間が大体、一分四十五秒と記録された。そして私の出発点から四八メートル先のアメリカヤマナラシ（*Populus tremuloides*）の木へのハチ道を確かめた。ハチ狩りの合計時間は一時間十九分で、移動回数はゼロであった。三日後、九月五日に私は森の入り口に近いバンフィールドクリークの土手に沿って生えている、ツリフネソウ（*Impatiens capensis*）の花で餌を採っているハチ達を捕まえた。ここから、私は一つのハチ道を確かめた。餌場からの不在時間は二分四十秒という短さで、ハチたちを追跡したところ一〇二メートル離れた巨大なサトウカエデに達した。この狩りの合計時間は一時間八分であった。移動回数は再びゼロであった。

ハチ狩人修業の道

初心者の私が掴んだこの三度の勝利は、私がいつか立派なハチ狩人になれるという確信を作り上げるのに十分だった。そして、私はこれらのハチの木をそんなに早く、自分一人で発見したスリルを今も生き生きと覚えている。しかし、私のハチ狩人としての最も深い感覚は、長い挑戦的なハチ狩りから来ている。その一つは長い経験から得られた技能と知識からもたらされた。日曜日の午後（二〇一一年八月七日）のこのハチ狩りの始まりを覚えている。その時私は、アーノットの森の北東隅の北の入り口のすぐ内側の、長い踊り場の縁の上に生えているアキノキリンソウからハチ達を捕まえた。ハチ道は一・二キロメートルかなたの、レックネーゲルヒルの頂上に向かって一五〇度（ほぼ南南東）を指していた。次の仕事はハチ達の出発と到着時刻のデータを集め、不在時間を確定し、それによっ

図5・5　雷雨の間に作った餌の巣板の即席の覆い。ハチ達を守り、砂糖蜜の薄まるのを防いだ。

て彼らのすみかへの距離を推定することであった。ハチ道は私の前にそびえるレックネーゲルヒルの北斜面の上にあり、その遠い頂上かあるいは、遠い側のどこかからハチ達は降りてきていると考えられた。午後一時に私は七匹のハチ達に、ピンク、オレンジ、赤、緑の明るい色で印をつけ、一時三十分までに一六の不在時間の記録をノートにつけた。それらは、七分から三十五分の間にあった。最も短い四つの平均は八分十五秒であり、それは木が約一・二キロメートルのところにあることを示し（図5・4参照）、丘の頂上近くのどこかであることを指していた。

ほぼ一時四十五分に西方から雷がゴロゴロいい出し、二時まで雨が激しく降った。しかし、強い雨が長く続くことはめったにないと知っていたので、餌の巣板の中の砂糖蜜を守るために、平らな石で小さい覆いを作った（図5・5）。そして、嵐がすぎ去るのをトラックの中で待った。三時〇五分に太陽がふたたび輝き、ハチ達は甘い蜜の荷がまだ集められるかどうかを見ようと戻ってきた。そして間もなく私はハチ達のブンブンいうハチ道を確かめた。

今や、このハチの木を見つけるために必要だった巣板の七回の移動のうち、最初のものを行う準備ができた。三時四十五分頃に私は餌場と全ての印のついたハチ達を、五〇〇メートルだけ動かした。しかしながら、この操作を、ハチ道（方向：一五〇度ほぼ南南東）を真っ直ぐにたどって行く地点に移すことはしなかった。そのようにしたら、アーノットの森に直接深く入って行くことになったであろう。そのかわり、私は一〇五度（東からやや南より）の方角に沿って動いた。その結果、私はアキノキリンソウの生えた四〇ヘクタールの牧草地の中の崖に着いた。そこからは東、南、西を広く見渡すことができた。この広大な花の咲く牧草地はかつて干し草畑であり、頂上の一部は乳牛の農場でアーノットの森と境を接していた。しかし二〇〇六年にそこはグリーンスプリングス自然共同墓地保護区となった。そこは、素朴で変わらない、そして（私が思うには）これまでの埋葬地の美しい代替え地であった。私はグリーンスプリングスを「こやしを施す共同墓地」と愛情を込めて呼び、いつかここに自然葬をされて、一本のサトウカエデを私の墓の印としてほしいと望んでいる。

しかしながら、この日、私はその場所を通り過ぎるだけであった。ミツバチの野生の群れを追跡するのには暑かったからである。餌の巣板を墓地に動かした理由は、レックネーゲルヒルの頂上に向かって長く放棄されていた牧草地のあとの開けた場所を横切る道に沿って、一連の移動ができるような、有利な地点を得るためであった。こうすれば、丘の大部分を覆ううっそうとした森を通って、真っ直ぐに動くよりも、はるかに楽であろう。よい餌を採ろうとしたハチ達は、明らかに墓地に向かう私の横への移動の間、私の餌場にとどまり、まもなく、一六五度（南からやや東より）に向いた新しいハチ道を確かめた。この新しい地点で印をつけた七匹全てのハチ達が新しい餌場に移動すること、そしてハチたちの不在時間の新しいデータを集めることの両方をチェックするために、約一時間ハチ達に注意を払った。今や、不在時間は平均してわずか七分六秒となった。前進だ！　夕方早く、私はハチ箱を牧草地に置いた小さな黄色いテーブルの上に残し、家に向かった。ハチ箱の扉は広く開けたままにした。そうすれば、私がハチ達を楽しませるために箱の中に押し込んだ、砂糖蜜で満たした巣板をハチ達が訪れることができるだろう。

次の朝、私は牧草地に午前十時少し過ぎに戻った。この日は曇りではじめは涼しかった。しかし、今では晴れて、墓地の草地の花は昆虫達で生き生きとしており、その中には私の好きなものが二つ含まれていた。それは、見事なキイロスズメバチと目を惹くアカトウワタカブトムシであった。一緒に行ったのは、友人のショーン・グリフィンで、コーネル大学の大学院生だった過去四年間、色々なハチの研究で私と一緒に働いてきた。そして、彼は間もなくラトガース大学で花粉媒介者の生態学についての大学院課程の研究を始めるところであった。

ショーンはアーノットの森で、一〇本のハチの木の場所を確かめる際に私を手伝ってくれた。彼はその夏、野生のミツバチの遺伝学の研究のためにそこに住んでいた。そしてすでにハチ狩人としての彼の才能は、私に強く印象づけられていた。

移動、移動、また移動

私たちが、後に残したハチ箱に着いた時には、巣板は空で、放置されていた。しかし、私が再び蜜を満たすと、二匹のハチが到着した。彼らが荷積みをしている間、ショーンと私は次の餌場にするよい場所を見つけようと、ハチ道に沿って歩いた。そして私たちは小さい池のそばの開けた場所を見つけた。それはハチ達が飛ぶ方向に約二四〇メートル行ったところであった。十一時三十五分にハチ達は巣板に群がり、私たちは頻繁に蜜を満たした。そこでハチ箱の中に巣板を滑り込ませ扉をバタンと閉めた。一〇匹ほどのハチ達を箱の中に捕まえることは簡単だった。それから道具を集めて、池の方に移動し、ハチ達を放した。幸いにも、ハチ達は餌場が動くことを受け入れた。そして、十二時十五分に私たちはハチ道に沿って、もう一回の二四〇メートルの移動を行った。この時の着地点は、私たちが「隕石《いんせき》」と呼んでいる開けた場所であった。それは、縁が丸みを帯び、地球圏外から来たかのような漆黒の、私の背丈とほぼ同じ位の高さの大石があったからである。私はそれが氷河期に一六〇キロメートル離れたアディロンダック山地から漂着したもので、数万年前に最後の氷河が解けた後に残されたものだと思う。

この地点で、私たちは墓地の草地の見晴らしのよい場所から〇・五キロメートル移動した。そして、標高で四五メートル下った。そして深い森の縁に到達した。もう開けた場所はなかった。さらにもう一〇八メートルの移動で、私たちは日陰になるツガの木が並んだ見事な一八メートルの深さの淵《ふち》に達した。それは約一・六キロメートル東にあるジャクソンクリークの支流によって掘られたものである。森の中に放されると、ハチ達は家に向かって出発する前に、一般的に輪を描いて木々のてっぺんにまで行く。だから、彼らが旅する方向を言うことは難しい。このことは森に入ると、出発したハチが消える前に彼女がどこに向かっているかを十分観察するのに必要な広さの樹冠の隙間を見つけるのが難しいことを意味する。幸いにも、私たちはそのような隙間を山峡から遥かに離れたところに発見した。

それは「隕石」から一八〇メートルのところにあり、ハチ道に大体沿っていて一六五度（南からやや東より）の方角であった。午後一時に私たちはこの場所へハチ達の一群と共に移動したが、ありがたいことに私たちが到着するのを歓迎するハチ達の翅音を聞くまでに長くはかからなかった。次の時間、ハチ達が消えて行く方向の幾つかのよいデータを得ることができた。それらは一六三度であった。それは私たちがハチ道の方向の上にとどまっており、ハチ達の家を通り過ぎてはいないことを語っていた。不在時間は四分ちょうどであり、ハチの木はわずか約四〇〇メートルしか離れていないことを示していた。

午後の残りで私たちはもう三回、新しい場所に移動した。それはさらに九〇メートル位であった。それぞれの移動には約一時間かかった。というのは、ハチ達は更に多くの数が到着したので、彼らを失う心配はもうなかったが、私は各場所で、ハチ達がなおも進むのか、戻り始めるのかを確かめたいと思ったからである。もし後ろの方に行くハチを見たら、それは私たちがハチの木を通り過ぎたことを意味する。私はショーンと一緒だったことを喜んだ。なぜならば、私は餌の巣板に砂糖蜜を忍耐強く貯めながら、目を見張って消えて行くハチ達がどこに向かっているかを長く追跡し、ショーン――もっと若く、熱心な――は斜面を登ってそれらしい木を調べた。ついに、私たちはロックナーゲルヒルの険しい斜面を登り終わった。そして、その頂上に向かって行くのではなくて、その穏やかな斜面の肩を横断して、その日の始まり以来従ってきた同じ一六五度の方角に沿って動いた。私は最後の移動を四時三十五分に行った。数ダースのハチ達が私の頭のまわりをブンブン飛び、私が巣板を再び満たすために蜜の瓶からスポイトを動かすとそれに群がった。ハチ達はアニスの匂いをつけた蜜に興奮した。そして私は木が近くにあることを確信した。そこで、私は一本一本木を探すショーンと合流した。私にとって、これは狩りの最も難しい部分である。ハチ狩りをする時、その木の近くにいるはずなのに、まだ巣の入り口を示す空中での翅のきらめきが発見できない時ほどいらだたしいことはない。そこで、四時五十八分にショーンが「見つけたぞ！」と叫んで私の困惑と疑いを終わらせてくれた時には、特別に嬉しかった。

餌場を越えて、約九〇メートル探して、ショーンは一本のそびえ立つサトウカエデ（図5・6）の、南西側一一メートル上にある節穴の外側で渦巻くハチ達を見ていた。ひとたび、「正しい場所」を見たら、ハチ達と巣の入り口は見つけやすいという気になるかもしれない。しかし、何千本もの成熟した硬木類があるここロックナーゲルヒルでは、それぞれがミツバチに魅力的な巣穴を提供する有力な候補者であり、ハチ達にとっての一本の「正しい場所」を見つけることは、ハチ狩人の技を試すやっかいなテストであった。このテストはショーンと私に忘れられないスリルと大きな達成感を与えた。

図5・6　ミツバチの群れを棲まわせているロックナーゲルヒルの頂上のサトウカエデの木。巣の入り口は地上11メートルで、めずらしくない高さである。ショーン・グリフィンが発見した巣穴を見ている。

生物学の部屋 5

ミツバチの飛ぶ速さ

一九八三年の夏、私はハチ達の餌場への行き帰りの飛翔速度を測った。その餌はハチ狩人の巣板によく似た、しょ糖液を豊富に供給するものである。これは、ハチ達が蜜源のエネルギー的利益の大小によって、尻振りダンスの強さを変えるかを知る研究のためであった。一匹の餌採りバチが一回の蜜の荷を集める時、どれだけのジュール［エネルギーの単位］のエネルギーを「得る」かを決定するのは易しい。それは、彼女がどれだけ多くのしょ糖液を飲むか、またしょ糖液の濃度を測り、そしてこれら二つの変数によってハチの蜜の荷のエネルギー量を決定できるからである。しかしながら、一匹の餌採りバチが一荷の蜜を集める時、どれだけ多くのジュールが必要かを計算するには、彼女が荷を集めるためにどれくらい長く飛ぶかと、飛んでいる間の彼女の代謝率を知る必要がある。そして、一匹の飛ぶハチが、ある餌源にどれくらい長く行ったり来たりするかと、ハチ達がどれくらい速く飛ぶかを知る必要がある。

餌採りバチ達がどれくらい速く飛ぶかを見るために、私はコネチカット州北東部のエールの森の一つのエスカー［氷河底の流水によってできた、砂や小石からなる細長い曲がりくねった堤防状の丘」の頂上に沿ってほぼ一〇〇〇メートル伸びる、狭い干し草畑の北の端に、ハチの巣箱を置いた。この干し草畑のまわりは数キロメートル全てが森と湿地であった。それから、高い濃度のしょ糖液（二・五モルしょ糖）を入れた餌場を、巣箱から南に向かって五〇〇メートル離して置き、二五匹の餌採りバチがここから餌を集めるように訓練した。それぞれのハチは個体識別のために胸部と腹部にペイントで印をつけた。私が餌場のそばに陣取り、助手が巣箱のそばに座った。そして、私たちは携帯電話で緊密に情報交換をした。巣箱から餌場に飛ぶのに、ハチ達がどれほど長くかかるかを測るために、助手は一匹の印のついたハチが巣箱を離れたことを私に知らせた。その瞬間に私はストップウォッチを押し、私が餌場で印のついたハチの到着を見るまで、時計を動かした。私がストップウォッチを止めた時、餌場へのそのハチの飛翔時間が記録される。それから、このハチが餌場で荷積みを終えて飛び立ったら、私はストップウォッチを押し、帰ってくるハチを探すように助手に知らせた。彼がそのハチが巣箱に着陸したことを報告した瞬間、私はストップウォッチを止め、そのハチの戻りの飛翔時間を記録した。

五〇〇メートル離れた餌場での全てのハチ達のデータを取り、私はゆっくりと餌場を――ハチ達がいるまま――巣箱から七〇〇メートルまで動かした。この地点で、私と助手は二五匹のハチ達の飛翔時間の測定を繰り返した。これを終えると、私は再び餌場を九〇〇メートル動かし、もう一回ハチ達の飛翔時間を計った。これらの測定の結果は図に示されている。そこでは飛翔距離に対する飛翔時間の二つの線がある。――一つはハチ達の行きの飛翔で、もう一つは戻りの飛翔である。それぞれの線はハチ達の旅の平均飛翔速度を表す。彼らの餌場への行きの速度は九・五

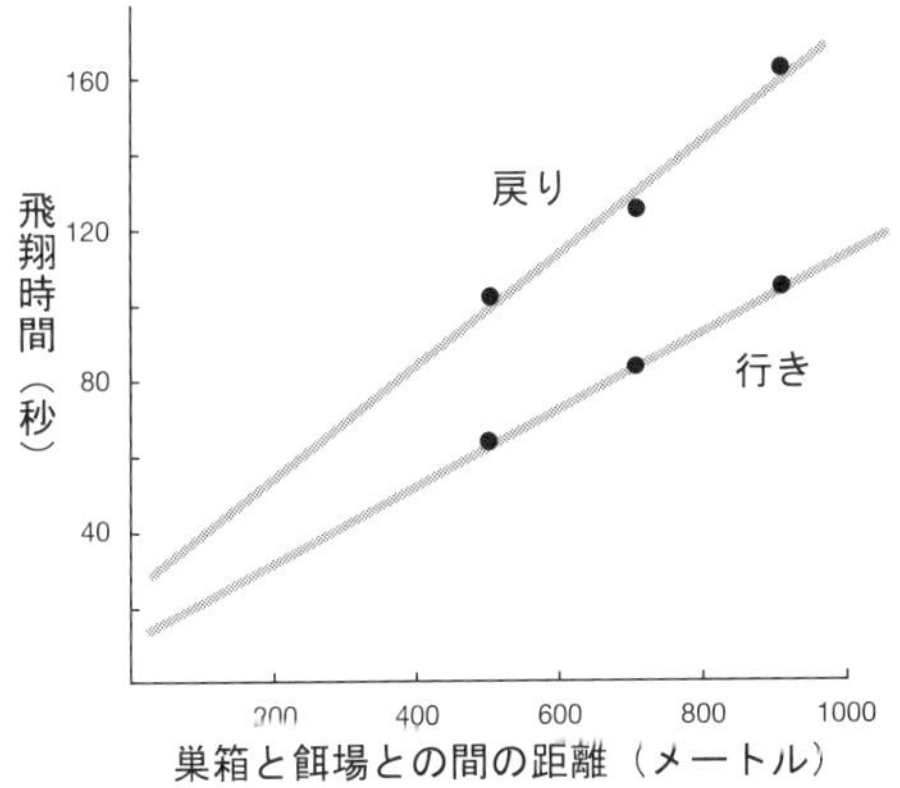

図　餌場から集めた大きい荷物を持つハチ達の戻り（巣箱）の飛翔と、行き（餌場への）の飛翔における飛翔距離と飛翔時間の間の関係。

メートル／秒で、巣箱への戻りの速度は六・七メートル／秒である。線が縦軸を横切る点は、ハチ達がそれぞれの飛翔の終わりに餌場（行きの飛翔の終わりには十秒）、あるいは巣箱（戻りの飛翔の終わりで二十五秒）で着陸操作をするまで、どれくらいの時間を費やすかを示す。

なぜ、ハチ達の飛翔速度が、餌場に行く時の方が家に戻る時よりも速いのだろうか？　それはハチ達が餌場に行く時は追い風を楽しみ、家に帰る時には向かい風とたたかったからではない。このデータは風の無い二日間に集められた。のちの研究で、餌場を訪れて二・五モルのしょ糖液を積んだ働きバチ達の平均の重さは、餌場に着陸した時には七六ミリグラムで、餌場から家に向かって出発する時の重さは、一三八ミリグラムであることがわかった。従って、平均して、それぞれのハチは家に六二ミリグラム（＝五〇マイクロリットル）の二・五モルのしょ糖液を空輸したことになる。言いかえれば、これらのハチ達は彼らの体重の八二％に等しい荷を持って、家に飛んで行ったのである！　彼らの家への飛翔が、餌場に（ほとんど空で）飛ぶ時に比べて、わずか七〇％の速度であったことは驚くにあたらない。

第6章　ハチ道をたどる

さて、ハチ道は確かめられハチ達の家の方向がわかった。また、いくつかのハチ達の巣板からの不在時間を知り、これを距離に換算して、家への距離が推定された。そこで、今やこの道をたどって移動を始めるばかりとなった。なぜハチ達のすみかへの方向と距離がわかったのに、示された地域に直接、進まないのかを不思議に思うかもしれない。理由は簡単である。素晴らしく幸運で、狩りの始まりがハチの木からわずか九〇メートルほどでない限り、ハチのすみかへの方向と距離を正確に知ることはほとんどないであろう。多くの場合、目標は約〇・一六平方キロメートルの地域のどこかに、その回答があるという謎の状態である。この地域は森で、そこに数千本の木があり、ハチ達によって占拠された木を直接見つけるようなチャンスからはあまりにも遠い。第7章で私たちが見るように、九〇メートル平方の一〇〇本程度の大きい木しか含まない、比較的小さい地域に探索を狭めた時でさえ、ハチ達のすみかの入り口である、高い位置にある節穴か割れ目を見つけることは、ひどく難しい。そのため、彼らの秘密のすみかに戻ったハチ達に一歩一歩案内させるのだ。狩人はこのハチ道をたどって移動して彼自身に大きな贈り物をする。

そのハチ道をたどって移動するために、まず、台の上にハチ箱を置き、蜜で満たした巣板を前の部屋に押し込み扉を開いたままにする（その他の巣板はチャック付きの貯蔵袋などに隠さなければならない）。巣板の上にいたハチ達の一部に大きな混乱が起きる。これまで台の上によく見えるように置かれていた巣板を探して、彼らは箱のまわりを旋回する。もっと多くのハチ達が到着すると、箱にいやいやながら入ろうとする、疑っているハチ達が空中にいっぱいになる。けれども、まもなく、砂糖蜜をもう一杯がぶ飲みする誘惑があまりに大きくなり、一匹のハチが巣板に止まる。すると、おそらく最初のハチによって勇気づけられた他のハチ達も降りてくる（口絵6ページ下）。半ダース以上が着陸し荷積みを始めたら、彼らを捕らえるために静かに扉を閉じる。

なるべく沢山の「印のついた」ハチを集めれば、彼らをこれからの移動の間に失うことはない。おそらく、これらのハチ達の習性はさまざまであろう。あるものは元気で効率的であるが、他のものたちはゆっくり働く。移動のための最後の準備はハチ箱のまわりにゴムバンドを巻いて、前の扉、中仕切り板、窓のカバーが、移動中に動かないようにする。

装備をまとめ、ハチ箱に捕らえたハチ達と共にあらたな開墾地まで九〇〜二七〇メートルのハチ道をたどって歩く。そこは移動に先立ってあらかじめ探しておいたところである。ここで、もう一度、台をセットし、前と後ろの部屋からハチ達を放す。前と後ろ二つのグループを別々に放すことで、ハチ達が家に飛ぶのを二回、見るチャンスができる。

全てのハチ達が飛び去ってから間もなく、狩人は蜜の補給場所に一人で取り残される。何匹かのハチは失われているだろう。ハチ達の規則正しいすばやい積み込みが再びなければ、その場所は静かである。あまりにも静かだ。飛び去ったハチ達の誰かがこの新しい場所に来るのだろうか、あるいは、彼らがかつてよい餌採りを経験した移動前の場所に戻ってしまうのだろうか？　時計を見る……おそらく五分はたった……ハチはまだ来ない。

これはハチ狩りにおいて最もハラハラさせられる瞬間である。もしハチ達の家への飛ぶ道を私が間違っていたら、あるいはハチ道から右か左にはるかに遠く離れていたなら、ハチ達は戻ってこなかったろう。こういうことはまた、もし流蜜が始まっていたら、起こりうることである。その場合には、群れの食物貯蔵バチ達が、餌採りバチの持ち帰った蜜の洪水を取り扱うのにあまりに忙しいために、荷物を下ろすのに長く時間がかかっていることだろう。もし十五分以内にハチ達が戻ってこなければ、前の餌場に歩いて戻り、ハチ達のもう一つの群れを箱に捕らえ、再び移動を試す必要がある。しかし、全てがうまく行ったとしよう――正しくハチ道をたどり、豊富な花の蜜が餌との間で競争をもたらさないものとする――そしてまもなく、帰ってきたハチ達のさえた翅音が聞こえ、そのあと、すぐに一匹、一匹、一匹と現れてくる。素晴らしい！　ハチ達は餌場の移動を成し遂げたのだ。

ハチの木に到達できるか

今や成功は確かに見えてきた。ここまできたら、あとは移動を続けて木までの道をたどるかそれを通り過ぎてしまうかである。もし、ハチの家を通り過ぎてしまったら、ハチ道を逆戻りしなければならない。これは、そのハチの木が現在の餌場と前の餌場の間のどこかにある場合である。しかしながら、実際問題として、一連のハチ道をたどる移動を行う時には、一人のハチ狩人としての技能と粘り強さが試される。それは、これらのチャレンジがハチ狩りをスポーツにしているからである。

ハチ道をたどることが、いかに人の根気を試すかを見るために、私がアーノットの森に棲んでいるハチ達の群れの全数調査をした時の移動回数の統計値をふりかえってみよう。二〇〇二年八月二十日から十月一日までの間、この森で私は二十七日にわたり一一七時間の狩りを行い、その間に森のほぼ半分にひろがる一二の開墾地からハチ道を確かめた（図6・1）。これらの場所のうち四つ（4、5、6と9）では、ハチ道は、前に見つけたハチの木か、別の場所から接近した方がわかりやすいと思うものだった。そこで私はこれらの場所では一旦確かめたハチ道をたどることはしなかった。しかしながら、他の八つの全ての場所では一・六キロメートル以内にあるハチ達のすみかへの、少なくとも一つの強力なハチ道を確かめて、私は本格的な狩りを始めた。

私はこれらのハチ狩りを別の科学的研究のために行ったので、詳細な記録を取り、これらの記録から表2に示した統計値を計算した。平均して、ハチ道を〇・六四キロメートルたどり、ハチ達の家に到着した。また、平均して、四・六回の移動によってこの距離をカバーし、それぞれの移動は五四〜三六〇メートルの距離であった。そして私は移動した――それぞれの新しい場所、それぞれの地点において約一時間を費やした。それぞれの新しい場所での時間の一部分は、ハチ達がその餌の場所へ帰る道を見いだすために、彼らを待つことに費やされた。しかし、大部分の時間は、ハチ達が消える方角と不在時間のデータをとるために捧げられた。ひとたび、ハチ達の消える方向を見定め、彼らの家への距離の推定値を更新すると、私は示された方向で開墾地などを探して時間を費やした。移動をする時にはいつも、次の餌場になりそうな開墾地を探すようにしていた。

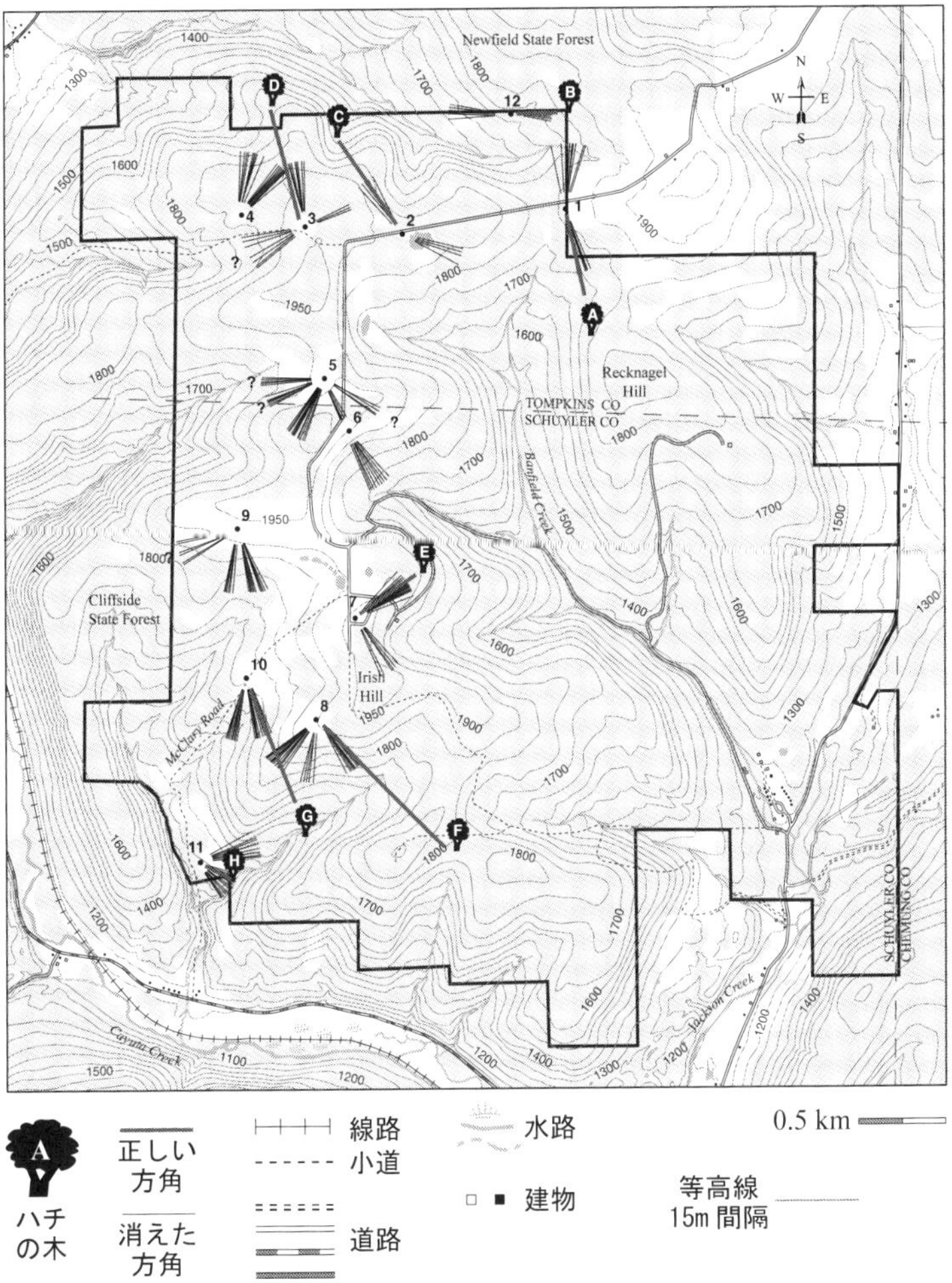

図 6・1　アーノットの森の地図。ハチ道が確かめられた場所（1－12）とハチの木が発見された場所とその木（A〜H）。

狩りの合計距離：0.66 キロメートル（0.26 ～ 1.12 キロメートル）
狩りあたり費やした時間：10.4 時間（7.5 ～ 10.7 時間）
狩りあたりの日数：2.4 日（1 ～ 6 日）
狩りあたりの移動回数：4.6 回（3 ～ 11 回）
移動距離：114 メートル（54 ～ 360 メートル）
餌場の移動に費やした時間：57 分（25 ～ 92 分）
最後の餌場からハチの木を探した時間：113 分（12 ～ 170 分）

表2　アーノットの森で 2002 年に行った 8 回の成功したハチ狩りの距離と時間（平均と範囲）。

しかし、もし、不在時間がちょうど二、三分になった時は、ハチ達の棲む場所となりそうな全ての木を調べることに切り替えた。探索の幅は、ハチ達が私の移動したのと同じ方向に飛び去るか、あるいは私がやって来た場所に向かって逆戻りするかにしたがって、前方あるいは後方の九〇メートルほどであった。逆戻りは私が巣よりも遠くに移動し過ぎたことを示すものであった。八回の狩りのうち三回で、私はハチの木を通り過ぎて移動を行ったために、ハチ道が逆向きになったことに気付いた。最後に、表2に示すように、ハチ達の巣が近くにあると思い、木から木への探索に切りかえてから、通常約二時間（平均して一一三分）のちに、その巣を発見した。どのようにして最後の探索をするかについては次の章で述べる。

表2はまた、私が一本のハチの木を発見するのに、平均して、二・四日にわたり十時間以上を費やしたことを示す。これは重要な点、すなわちハチ狩りには時間がかかることを示している。一本のハチの木を見つけるために一日以上かかることを覚悟すべきである。十・四時間と二・四日という時間はいくぶん誤解されやすい。なぜならば、私がこれらの狩りをする際のいろいろな状況によっても、長くなっているからである。第一に、私は早朝は冷えこむ秋に狩りをした。そこで、

ほとんどの日々、ハチ達は花や私の餌の巣板に午前十時頃にのみ現れ始めた。もっと早く出発することは不可能であった。第二に、もっと遅く出発するのも私がコーネル大学で受け持った講義が正午頃に始まるために難しい。したがって、平日に私が狩りにいける自由な時間は、午後の二、三時間しかなかった（しかしながら、アーノットの森に朝早く飛び出して、巣板に蜜を積めこむ楽しみがあった。それは、私が餌場に午後二時頃それを取りにいくまでハチ達の興味をつなぎとめるためである）。もし私が日中の講義を受け持っていなかったら、これらの狩りを完遂するために平均二・四日もかからなかったはずだ。私は、中断されない時には、しばしば一日でハチの木を見つけた。

ハチ道をたどって移動するのは、狩人の忍耐と根気だけでなく、その技能とぬけめのなさが試される。その一つとして移動をする際には、次の餌場を別の開墾地に置かなければならない。しかし、時には、前方に開けた場所が全くないことがある。そこで、よい場所を探すために範囲を広げて探索する必要がある。ハチ道からすこし離れたところに開けたよい場所が見つかるかもしれない。そして、それがあまり離れていなければ、ハチ達は、そこに移動することを受け入れるであろう。特に餌が食物としてたまらなくよいものであれば。しかしながら、時にはひどく木の繁ったところに移動しなければならないかもしれない。もし、そうであれば、難しい状況に直面する。なぜならば、ハチ達は彼らの家が約九〇メートル以内になければ、木々の上を飛んで餌場へ行き、またそこから旅立つ。森の木の繁みの間を飛ぶことはない。

このことは樹冠の中の隙間のない地点でハチ達を放した時、ハチ達が木のてっぺんでぐるぐる回って消えることからわかる。そうなると、彼らが家に帰るために前進したのか後退したのかわからなくなる。この状況では、樹冠の中に隙間が少しでもあったら、その開けた場所のどの方向に向かったかを見きわめるために最善をつくす。最も大切なことは、ハチ道をたどるには、できるだけ真っ直ぐに移動するということである。エドゲルはこのことを明瞭に述べている。「もし湿地に出会ったら、そこを真っ直ぐに行かなければならない。もし崖に出会ったら、それを乗り越えていかねばならない。もし池に出会ったら、それを回り対岸のちょうど正しい地点を決めなければならない」。私も同感である。

逆方向に飛ぶハチ達

ハチ道をたどる段階で、最も幸先のよい経験はハチ道が逆に向くことを知った時であろう。このことは、ハチ達が安定的に餌採りをして、移動が容易に行われた時によく起きる。今や、ハチ達が失われる心配はなく、移動を速やかに始めることができる。こうなると、ハチの木が視野に入るのを期待してもよいだろう。ある場合には、早くハチのすみかに着こうとして、長すぎる移動をした結果、ハチの木のある場所を通り過ぎてしまうかもしれない。そして印をつけたハチ達が帰ってくるのに前より長い時間がかかることに気づくだろう。また彼らが再び現れ、そして荷積みを終えた時、彼らが奇妙な行動をすることに気づくかもしれない。移動した方向に真っ直ぐに飛び去るかわりに、彼らはあらゆる方向に回っていなくなるのだ。すこし回って飛んだあとに、彼らの何匹かが真っ直ぐに飛び去る。しかし彼らは最後の餌場の方向とは逆向きに飛ぶ。ハチ道は逆転したのだ！

ハチ達の家が、今の餌場と前の餌場の間のどこかにあるということに疑いはない。その場合、ハチ達の家を発見するために、ハチ道を戻り、全ての木を注意深く調べる必要がある。時には、来たばかりの方向を単に見返して、木の側面を簡単に眺めるだけで、巣の入り口を確認できる場合もある。私はアーノットの森で二〇〇二年にハチ道をたどった時に、この経験を一度だけした。九月二十四日火曜日の午後の早くに、私は以前農家が建っていた開墾地で見つけたアキノキリンソウから捕まえたハチ達で、ハチ道を確かめていた。そこからちょうど一八〇メートルには放棄されたマックレイロードがあった（図6・1の地点11）。ハチ道は一三九度（ほぼ南東）を指し、最小の不在時間はちょうど三分であった。そこで私はハチの木はわずか約二四〇メートル離れているだけだと知った。

これは幸先がよい！　次の二時間を費して、私は一四〇度（ほぼ南東）の方角に沿って、合計五四〇メートルの二回の移動を行った。この移動によって、私は古い牧草地を出て、北東から南西に流れて一八メートルの深さに刻まれた渓谷の上にある森の中に到着した。それは先のハチ道に対して直角であった。この谷の北岸の上にある餌場から、ハチ達が一二九度（南東より東より）の方角に沿って（谷を真っ直ぐ横切って）、ゆっくりと飛び去るのを観察することができた。そして私は二つの不在時間を記録した。それはちょうど二分十五秒と二分四十五秒であった。したがって、私はハチ達の巣が近いことを知った。そこで谷の斜面を下り、ハチ達の飛翔する道に沿って、全ての木を注意深く調べた。しかし、暗くなる前に彼らの家を見つけることはできなかった。このことから、ハチ達は一三五メートル離れている谷の対岸の上に棲んでいると考えた。

次の朝早く、その餌場に戻り、巣板を砂糖蜜で再び満たし、速やかに餌採りバチのチームを活性化させた。それから、谷の南側の縁の上に私の餌場を移動した。ハチ達は平均して三一五度（北西）、つまり以前の一二九度（南東より東より）の方角からさらに一八六度（ほぼ正反対）の方向に飛び去った。ハチ道は逆転した！　この時点で、私はハチ達がこの谷の下のどこかに棲んでいることを確信した。しかし、私は再び動物行動学の講義のために大学へ急いで帰らなければならなかった。そこで、それが非常に苦痛ではあったが、ハチ狩りを中止した。

しかし午後二時三十分に森に戻り、マックレイロードの頂上にある門のそばの駐車場から登っていった。三時〇二分に私は谷まで二・四キロメートル突進し、その北の岸を急いで下り、その南岸を登った。その日は暑かった。そしてサクラ、サトウカエデ、カシの葉は落ち始めていた。森は明るく輝いていた。物事はうまくいくように見えた。三時三十分に巣板には再びハチ達の激しい往来があった。そして三時五十分に私の餌場を、谷の南岸を三二〇度（ほぼ北西）の方角に下る道の三分の二だけ動かした。そこに腰掛けて、出発したハチ達が、谷を横切っていくのを見た。彼らはわずかに上方に曲がり、それ故、木のてっぺんに上ることなく、河床に下りることもなかった。まもなく、私は巣の入り口を見つけた。それは三六メートル離れた谷の北岸の上に立っているアメリカトネリコ（*Fraxinus americana*）の木の、南西の側の四・二メートル上方にあった。そして三一九度（ほぼ北西）の方角であった（図6・2）。巣を見つけた時には、いつもスリルを感じる。しかし、この時にはこの発見を全く誇りに思わなかった。最後にはハチの木を見つけたものの、私はその朝とその午後、シカの踏み跡に沿って谷の北岸を下りて行った時、木から三メートル以内を歩いていたのにハチ達に気付かなかった。なんと恥ずかしいことだろう。よかったのは私がその午後、自分一人で狩りをしたことである。

図6・2　2002年9月25日にアーノットの森で見つけたアメリカトネリコの木。その木のそばに立つジュン・ナカムラ博士の背丈は168センチである。茶色のプロポリス［ハチやに：ミツバチが植物のやにを集めて、巣の構造材として利用したもの］で染まったところがハチ達の巣の入り口の印。

ハチ達と知恵比べ

私が逆転したハチ道をいかにうまく利用したか、二番目の例をお目にかけよう。一九八一年八月、私はコネチカット州のニューヘブンに住んでいた。この時、最も妙なハチの木を見つけた。そこではエール大学の生物学部の助教授として、最初の濃密な一年を終えた。私は新しい学問生活を始める前に理性を高めるため、都会から自然の中に出て行く必要があった。私の妻、ロビンは海洋生態学者で、エール大学で生物学の博士号をとるための研究をしていた。このことから、私はエールの森へハチ狩りに行くことにした。そこは州の森とコネチカット州北東部のトランド郡とウィンダム郡の個人の森で取り囲まれた、三一三六ヘクタールの森林保護区であった。次の夏、ハチの野外実験のためにこの森を使おうと計画していた私にとって、絶好の機会だった。エール大学森林環境学部の林学教授であるデイビッド・M・スミス博士は、この森で研究するように励ましてくれ、宿泊所の使用を許可し、森の地図をくれた。次の日、私は寝袋と食料品の箱、ハチ箱やその他のハチ狩りの道具を持って、北へ向かった。

その森での最初の午後、私は宿泊所の前の芝生の中の白クローバーで、餌採りをしているミツバチを探した。私の目標はその地域に棲んでいる野生の群れを地図に印すために、一つのハチ道を確かめることであった。この森で行動的実験（生物学の部屋2と5参照）を行う時、餌採りバチ同士の干渉がどれくらいあるかを知るために、森に棲んでいるミツバチの群れの数を把握したかった。私は速やかに一匹の働きバチを見つけ、間もなく、私は彼女をハチ箱の中に捕らえ、アニスの匂いをつけた砂糖蜜を背負わせた。放した時、彼女は箱のまわりを回り、その位置を記憶し、それから、東に向けてゆっくりと飛び去った。十分後に彼女は戻ってきた。一時間の間に巣板をおとずれた七匹のハチ達に、ペイントで印をつけた。彼らの最小の不在時間は六分だった。それは彼らの家がわずか八〇〇メートルしか離れていないことを物語った。

その午後と次の日の午前中、私はハチの巣の場所に向かって一連の移動を着実に行った。そのうちの一つはある湿地を横切る、劇的な一、七〇〇メートルの移動であった。これによって、私はベントンヒルの麓のあるうっそうとした森に到着した。通常、伐採されていない森林に入った時には、ゆっくりした、短い移動が必要である。しかしその年にはマイマイガ（*Lymantria dispar*）〔幼虫が木の葉を食う昆虫〕のせいで、コネチカット州の北東部で森の樹冠が落葉していた。そのため八月の森にはあまりに葉が無く、葉が出る前の四月に戻ったように見えた。そこで、木々を通って出発するハチ達を追うのは簡単だった。そして、私は速やかにハチ達が棲んでいる森に到着した。

しかし、ここでは変なことが進んでいた。私はハチ達が巣板から約一〇〇度（東よりやや南より）の方角に沿って、飛び去るのを見た。そして、これらのハチ達の多くは高速移動者であり、二分三十秒以内で家まで往復をした。これは、彼らの巣が東に向かってあり、視界の中にあることを私に告げた。しかし、この方角の近くに大きい木は見つからなかった。私はいたるところを探した。しかし、木でも地面でも開口部にハチが群れになって飛び込むのを見ることはできなかった。この若い森の小区画のどこに、これらのハチ達は彼らの家を作ったのだろうか？　私は煙に巻かれた。そこで私はハチ達が近くに棲んでいるという仮説を検証することに決めた。もう一回移動を行い、ハチ道が逆転し

図6・3　防御的巣穴を作ることに失敗した、ミツバチの群れの巣。

ているかどうかを見た。ちょうど七二メートル前方の新しい地点に移動した。それで十分だった。ハチ達は彼らの飛翔方向を逆転し二八〇度（西やや北より）に向かった。ここで地上に何があるのか？　奇妙なことにハチ達の飛翔線は今、真っ直ぐにこの森の小区画の木にだけ向かっている。そこはマイマイガによる落葉から逃れたところだ。それは樹冠が密に繁っているカナダツガ（*Tsuga canadensis*）であった。しかし、それはかなり小さい木であった。胸高直径は三三センチしかなく、一〇メートルの高さもない。ハチの木とするにはあまりにも小さい。

その時、私は突然、この謎への一つの答えに気がついた。時には、ミツバチの群れはその巣を防御的な入れ物の中ではなくて、開けたところに作るという致命的な過ちをする（図6・3）。私が住んでいるところでは、むき出しの巣を作った群れはほとんど常に、冬に風に当たるために消滅する。一群のハチ達はこのツガの木の密な暗い樹冠の中の住居で、彼らの巣板を木の枝に付着させているのではないだろうか？私は急いで木のところまで歩き、横からではなく下から、上の方の枝を調べた。そして、実際にサッカーボールほどの大きさの巣板の塊を見ることができた。これは全てハチ達で覆われ、その木の八メートルのところにあった。ハチ達は予期しない場所に隠れていた。そして彼らは、私を二時間近く困らせていた。しかし、最後に私は彼らのトリックを解き明かした。王手詰めだ！

スマートなやり方

一七二〇年に『森の中で蜜を見つける数学的方法』を記述したポール・ダッドレイ氏に始まり、多くの著者によって、ハチ狩りでハチの木を見つけるスマートな方法として、ハチ道交差法——三角法としても知られる——が推奨されている。彼らの方法の要点は次のとおりである。第一にハチ狩人は何匹かのハチ達を捕まえ、全員に砂糖水か薄めたハチミツを与えて、一匹だけを放し、彼女が家に帰る飛翔の経路を確かめる。それから、その方向を、コンパスを用いて記録する。それが北（飛翔方向＝〇度）だとしよう。第二にそのハチの飛翔路に沿ってハチの家への正確な距離を決めるために、ハチ狩人はハチの飛翔路に直角に四〇〇メートルほど横に動く。それから彼はもう一匹のハチを放し、彼女もまた家に直接に飛翔するものとして飛翔経路を注意深く観察する。ハチ狩人は東に四〇〇メートル動いたとして、第二のハチは北西（飛翔方向＝三一五度）に出発したのを見たとしよう。この時点で、どこで二つの線が交わるかを決める以外になにも残っていない。それはハチ達を捕まえたところの北四〇〇メートルである（図6・4）。そこにハチの木があるだろう。これは簡単だ！

しかしながら、ハチの住居への方向についての正確な情報を、最初に餌場を離れたハチから得られ

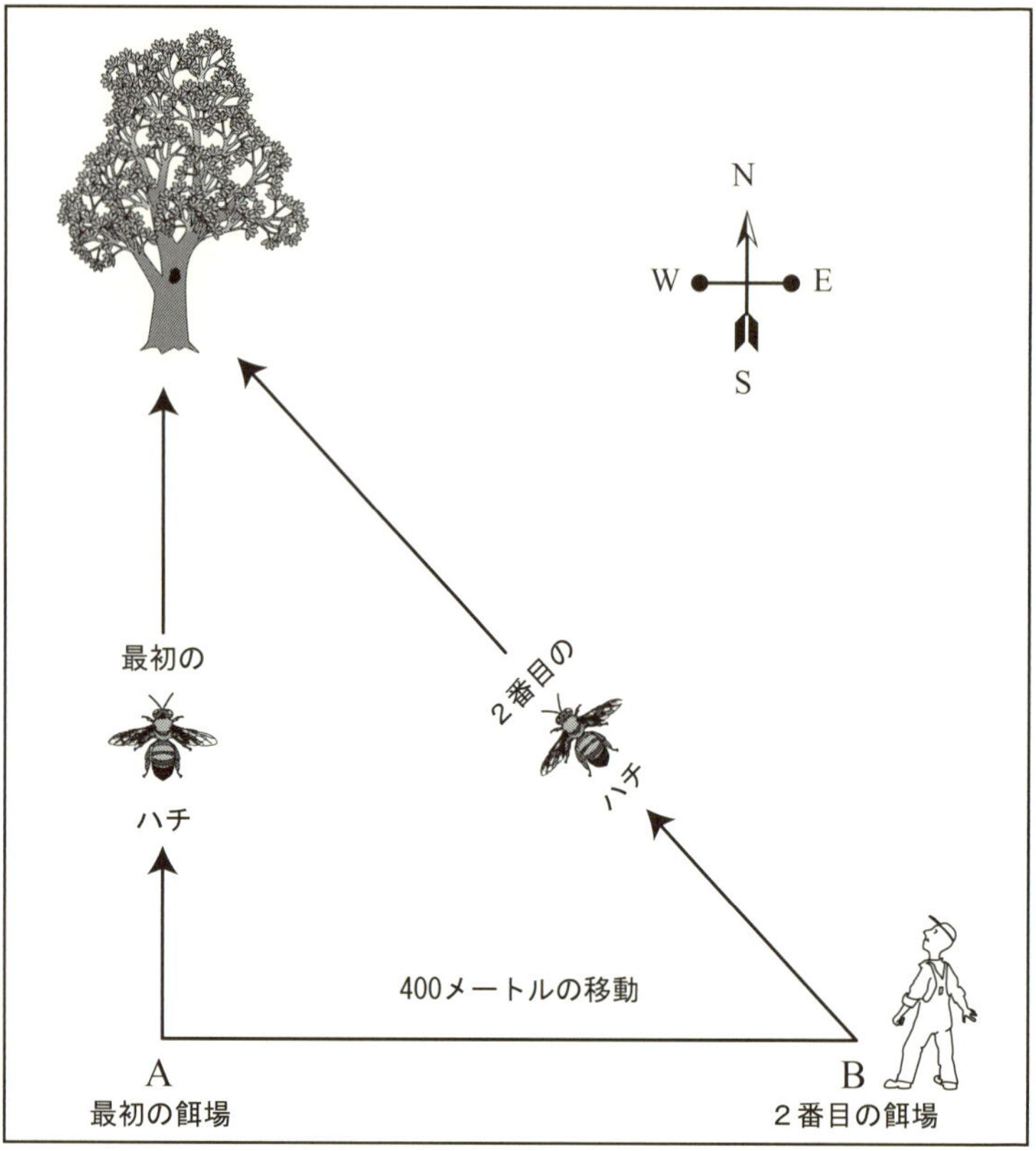

図6・4　ハチ道交差法、あるいは三角法によってハチの木の位置を極める過程。

る確率は小さいというのが真実である。この情報は二番目のハチではさらに危うくなる。二番目のハチは彼女が餌採りをしてきた場所から大きく動かされ、それ故に彼女が飛び去る時にほとんど道に迷うことになる。絶対的に確かなことは、彼女は消える前に方角を決めようとして大きく旋回するだろうということである。もし彼女が道に迷わなかったとしても、彼女はハチ道交差法によって森の中の家について我々が知りたいことを、示そうとはしない。

それでも、ハチ道交差法のようなやり方を完全に捨てるべきではない。時には、ハチの木が、余りに遠いことがある。もし、最初のハチ道が示す方向の近くで再び試みるならば、あまり遠くない場所で、最初のハチ道に交差するような、第二のハチ道を得るかもしれない。もし、それから、二つのハチ道が出会う場所に近い開墾地に移動するならば、ハチの木の近くにたどり着くチャンスが高まるであろう。これは理屈ではない。前に述べた逆転するハチ道の使用の二つの例は、この交差路がハチ狩人にいかに価値あるものであるかを示す。それはハチ狩人が彼の獲物には近いが、それを視界の正面にとらえることが難しい場合に有効な方法である。

生物学の部屋 6

ルートの見つけ方

ミツバチの多くの素晴らしい能力の一つが、巣と花の咲く小区画の間に、数キロメートルにもなる彼らの道を見いだす技能である。どのようにして彼らがそれを行うかを理解するために、彼らの航行を二つに区別するとわかりやすい。それは（一）遠い花への適切な経路を進む大きいスケールの問題と、（二）目標の視界の中で餌源（あるいは巣の場所）の位置をピンポイントで見つける、小さいスケールの問題である。私たちは今、働きバチが最初の問題のために、航海者が開けた海上で遠く離れた港に到達する航路を作る時に用いてきたのと似た方法を用いることを知っている。それはコンパス——ハチ達の場合にはこれは太陽である——の助けで彼女の飛翔の経路を設定し、遠い旅への行程表［どこまで進んだかの記録］を保持することである。この過程で、一匹のハチは彼女の出発点と比較した自分の位置の最新の知識を維持する。その出発点は彼女の巣（食物源に飛翔する時）、あるいは彼女の食物源（家に帰る時）である。

私たち人間はこのような方向の決め方を「推測航法」と呼ぶ。これは一人の人間あるいは一匹の動物は、地図に頼らずにその空間的な位置を追跡できることを意味する。天体航法とＧＰＳ

［全地球測位システム］が開発される前に推測航法は、陸地が見えなくなって、一人の航海者が地図の上の位置を決定できなくなった時の航海法であった。推測航法は、ミツバチ達が大きいスケールの方向付けの問題を解決する方法である。なぜなら、彼らが航海地図を開発できることはほとんど、あるいは全く根拠がないからである。

小さいスケールの方向付けの問題を解決する方法は、航海者が目的地が視界の中に現われた時に用いる方法と似ている。第一に、ミツバチは彼女の目的地と関係する目印（例えば、樹木の列）に向かうことによって最初の接近を行う。それは航海者が港にある、海岸線に沿った目印を参照するのに似ている。そして、航海者がその目で見た外観から、その港の中にある特定の埠頭を確認するように、そのハチは彼女の最後の目的地（食物源あるいは巣の入り口）を正確に特定する。これを行うために、ハチは彼女が花の小区画あるいは家に接近した時に以前に経験した（そして記憶した）、目で見るイメージの連鎖を頼りにする。これらの目標に接近すると、彼女は以前に記憶したイメージを、現在の見かけと比較し、現在の目印と記憶されたイメージとが最もよく合致する道に沿って飛ぶ。

ハチ達が目印に向かうことによって道を見いだす過程は、餌場のような目標の位置を正確に特定しなければならない時、その旅の最後の段階で最もよく調べられてきた。一匹の働きバチがある特定の地点に戻るために、彼女が学ぶ全ては、その地点から見える目印の外観であることを実験は明らかにしてきた。それは彼女が、その位置からの目印のパノラマ写真を撮って貯めておくようなものである。そこで、彼女は特定の場所への帰り道を見いだすために、自分が見た（彼女

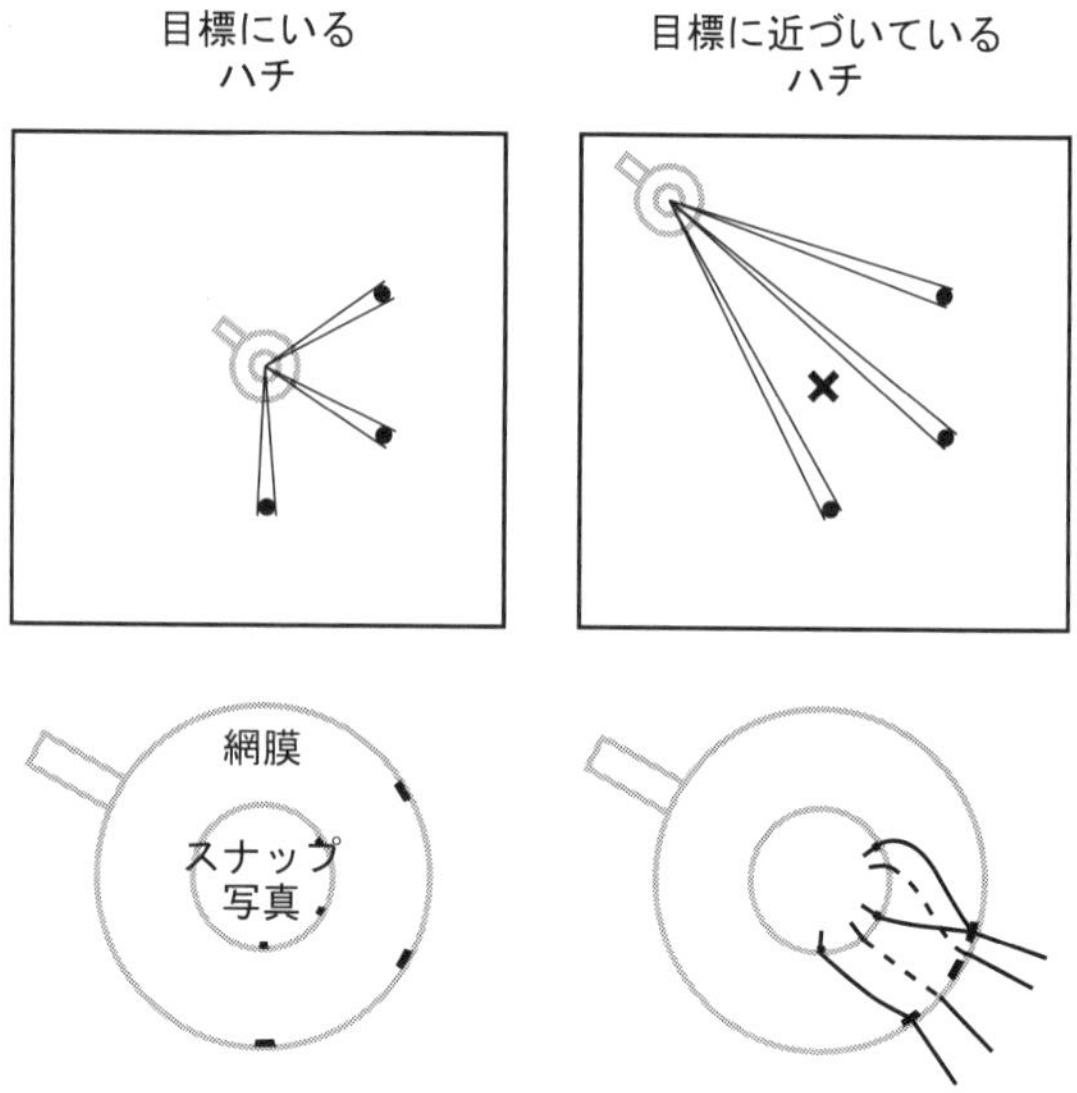

図　働きバチが、特定の目標に帰る方向を定める目印についての視覚的情報をいかに用いるかの簡単な図。左：そのハチが目標にいる時、彼女が見るもの（彼女の「網膜のイメージ」）と、以前に目標を見て記憶したもの（彼女の「スナップ写真」となったもの）とが合致した。右：ハチ達が目標に近づいた時、彼女の網膜のイメージがスナップ写真と合致しないので、この二つの間の不一致を一致させるために飛翔路をいろいろ試みている。

の網膜の上の）目印のイメージを、彼女が貯めている（スナップ写真としての）目印と比較する。そして、二つのイメージが合致するような道を動く（図を参照）。これは一匹のハチが特定の地点に帰る道を見いだす時の、驚くほど単純なシステムである。なぜならば、ハチ達は食物源あるいは巣の場所の位置を突き止めるために、その時の周囲について記した地図のような表現を必要としないからである。実際、ハチはそのような目印を見分ける必要もない。しかしながら、ハチ狩人はハチの視覚世界が単純化されていることによって、代償を払うことになる。餌の巣板のまわりの目印の何らかの変化――巣板をハチ箱の中に動かすような――でさえもハチに混乱をもたらすからだ。

第7章　ハチの木を探せ！

ハチ達の神秘的なすみかにますます近づくほど、数百ではないが数ダースのハチ達がブンブン飛び、巣板にむらがることであろう。そこで巣板を再び蜜で満たす。ハチの木はすぐそこにあり、おそらく視界の中にあるはずだ！　ああ、通常そうではない。大きいミツバチの群れは蜜で満たした巣板に向けて、それがなお数百メートルのかなたにあっても、容易に数ダースの餌採りバチを発進させる。したがって、巣板に多くのミツバチが集まることは、彼らの家がすぐそばにあることの確かな徴候ではない。しかし、蜜を荷積みして巣板から離れたハチ達が二、三分のうちに戻るのを見たなら、ハチ達のすみかが巣板から石を投げて届くほどの距離にあることは立証済みである。もし識別できるハチ達のどれかが巣板にすみやかに通勤するのを見たら、ハチ狩りの賞品は九〇メートル以内のどこかにあることを十分確信できる。そして、もちろん、もし短い移動をしてもハチ道が逆転するなら、今の餌場と前の餌場の間にそのハチの木を突き止めることは確実である。今やハチ道をたどり、あらゆるそれらしい木を調べ、十分な注意深さをもってハチの家の玄関のドアを発見する時である。

注意すべき点をここで述べる。たとえ、ハチの木に確実に近いとわかっても、ゲームがほとんど終わったと思うべきでない。もし、ハチ達の巣の入り口が、木の幹あるいは陰にならない大枝にそってわかりやすい場所にあるとすれば、ゲームは終わりかもしれない。時には、野生の群れの巣への入り口に暗い色のプロポリス（ミツバチ達によって集められた木のやに）の輪があったり、あるいはハチ達の群れの翅がきらきら光る群集が外側にいたりして、すぐに見つけられる（口絵7ページ）。けれども、しばしばゲームの終了にはほど遠い。前の章で述べたように、私は一度はその近所まで行ったハチ達の家を見つけるために、通常、木から木へと歩いて、一時間以上探した（表2参照）。狩りのこの最後の段階が長くかかる理由は、多くの巣の入り口が見つけにくいからである。あるものは極端に見つけがたい。もし、入り口の穴が高いところにあるか、葉によって隠されていると、その位置で確認できる徴候は、木のそばでホバリングするハチ達の翅が太陽の閃光できらめいていることだけである。そこでハチ達をより明確に見ることができる場所を探すためには、うまくやらねばならない。たしかにミツバチ達の往来を見たのか、あるいは異性に飢えた二、三のハエが互いに追いかけあっているに過ぎないのか？　幸運なことに、多くの場合、空中の翅のきらめきはハチ達であろう。

ハチ狩りが満足した終わりを迎えるのが特に難しいケースは、家に向かうハチ達が木の樹冠の中に飛びこむのを見たが、それからいっこうに彼らの陽気な住居への入り口である節穴、あるいは割れ目を見つけることができない場合である。このことは、たしかにハチの木を見つけたかどうかに疑いを残す。私は、この特別な挑戦を克服するためにいかにうまくやったかを、ある誇りをもって思い出す。二〇〇二年の九月二十日と二十一日、アーノットの森の急な斜面を下りて〇・九キロメートル走る、強力なハチ道を追っていた。そして遂に私はハチ達が巣をかけていると思われる一本の木に到着した

（図6・1の木G）。それは著しく背の高いサトウカエデ――私はそれを謎のカエデと呼ぶ――であった。それは小川の近くにある、私の最後の餌場のはるか反対側に生えていた（図7・1）。私はこの木がハチ達の家であると推測した。なぜならば、彼らが私の餌場から離れて、小川を横切って、この木の樹冠の真っ直ぐ上方に飛ぶのを見たからである。しかし、私はその木の穴の中にハチが消えるのを見た訳ではなかった。私はハチ達が穴か割れ目の中に入るのを見ることなしに、この木が彼らの家であると確かめることはできなかった。あいまいさからくる苦悩の中で、私はアーノットの森から歩いて出て、自宅まで八三キロをドライブし、高性能の二つの双眼鏡を取りに行った。そしてふたたび、その木まで歩いて戻った。腹立たしいことには、これらの双眼鏡の助けをもってしても、この木の上部構造のどこにも、穴の中に飛び込むハチ達を見ることはできなかった。

次の日、九月二十二日、私はハチ達が彼らの巣に入る穴はどこかといういらだたしいパズルを解くのに、もう一つの行動をした。私は謎のカエデの近くに生えている二本の木を使うことを決めていた。それは謎のカエデから約一八メートルのところに生えている大きいツガと、そのそばに生えている杖の大きさほどのサトウカエデの木である。サトウカエデによじ登ることによって、私はツガの木の一番低い枝を摑むことができ、そして自分自身を引っぱりあげることができた。ひとたびツガに無事によじ登ると、その枝をほとんど梯子の桟のようにして、謎のカエデの樹冠の中にハチ達が消えて行くのを見た高さまで登ることができた。私は最後にこの謎の解決を見た。その木の一五メートルほど上の、二つの幹にわかれた木の股に隠れて、一つの割れ目があり、その中にハチ達は降りて行くのであった。

図7・1　謎のカエデの木。

私は六十三年の人生の間に数多くのスリルを経験した。一九七七年十二月にはハーバード大学の特別会員に選ばれ、一九九八年には私の本『ミツバチの知恵』によって国際養蜂協会連合から金メダル表彰を受け、二〇〇一年四月にはドイツのアレクサンダー・フォン・フンボルト財団から、著名上級科学者賞を受けた。しかし、正直なところ、これらのスリルは私が謎のカエデの空の高さに棲むハチ達の家までの秘密の道を発見した時に比べれば、第二級のスリルであった。

あらゆるところを見る

ハチ狩りの終わりにあたり、木から木へとハチの巣を探すための最も重要な指針は、たった一つの単純なことである。あらゆるところを見よ！　そして、目で見る間に、耳もまた澄ましておくことである。時には、ハチのブンブンいう音を聞くことができる。特に、もしそれが大きな群れで、暑い日であれば、巣から暑い空気を排出するため、巣の入り口であおぐ多くのハチ達の羽音が聞こえるはずである。事実、ミツバチの群れはあらゆる場所に住居を作るということである。通常、それは木、建物、あるいは（よりまれに）斜面あるいは絶壁面の中の空洞である。しかし時たま人は、一つの群れが愚かにも空中に巣を作るところを見る。それを私たちはすでに見た（図6・3）。私は空中一五メートルの葉群の中に隠れているものや、木の根の間の土の中に作られている巣（図7・2）の入り口を見つけている。私はハチの巣作りを、大きい老木のツガ、ブナ、カエデ、カシの中で見つけてきた。しかしまた、細い若いヤマナラシでも見つけた。それは最初、群れを保つにはあまりに小さいものと私が誤って無視していた木である。一般的にそれらが丈夫な生きた木であり、何十年も安全なすみか

図7・2　巣の入り口が斜面の木の根の間の小さい通路にあるハチの木。

として提供されることを見ているが、腐って弱って枯れた木が一、二年後に風で倒れ、地面で中空の丸太となっているのの中の巣も一度見た。

ジョージ・H・エドゲルは彼の本『ハチ狩人』の中で、ハチ狩りの最後の段階で木から木への探索を行う時に、あらゆるところを見ることの重要性を強調している。この価値ある案内の文を強調するために、彼はハチ狩りのスポーツを教わった、老いたアディロンダッカーのジョージ・スミスの言葉を引用している。「カエデの高いところからヒマラヤスギの低いところまで、上から下へ、全ての幹と枝を、ミツバチが生活するのに十分大きい硬木類と針葉樹を見なさい。そしてそれを見つけた時、予想しなかったところに彼らはいるにちがいありません」。堅実な観察である。

しかしながら、私は速やかにつけ加えたい。私たちは今やミツバチが分蜂——すなわち、約一万匹の働きバチと一匹の女王バチが群れから離れ、一つの新しい群れをスタートさせる——を行い、その未来のすみかを選ぶ時、それが手に入る木の空洞なら何でもよいというわけではないことを知っている。その代わり、一匹のミツバチが注意深く一つの巣をかける空洞を選ぶ。それは十分な防御と広さのある生活場所を提供するものである。それは洗練された群れの意思決定によって選択される。その中には集団的な事実発見、情報の公開共有、激しい議論、そして群飛の中の巣の場所を偵察する三〇〇〜五〇〇〇匹による公正な投票が含まれる。生物学の部屋7で説明するように、これらの偵察バチは、入り口が「地面から高く離れ」（クマなどの捕食動物から見つかることを避けるため）、「かなり小さく」（あまりすきま風が入らず、蜜を盗む他の群れのハチのような小さな侵入者を容易に防げる）、そして「南側」（太陽によって入り口が暖められる）にあることを好む。従って、アーノットの森での

図７・３　図１・１で示した巣の入り口の、節穴にいるハチ達。

ハチ道探索によって私が見つけてきた巣の入り口は、全く高く（平均高＝九・三メートル、最小四・二〜最大一七・一メートル）、かなり小さく（平均面積＝三一平方センチ、最小一二〜最大七五平方センチ）、ハチの木の南側に不均一（五六％は南東、南あるいは南西）であった。ハチ達が入り口が節穴のように丸いか、裂け目のように狭いかについて、好みがあるかどうかは証拠がない。しかし、アーノットの森では、七四％が節穴で（図７・３）、二六％が木の裂け目であった。

ミツバチが棲む場所として探す対象がわかると、ある群れが野外で棲む巣の入り口を探す時に役立つ。特に、ハチ達が木の高いところに巣を作ることを知ると、たとえそれが観察しにくくとも、これらの高い場所を見るようにするだろう。また、ハチ達の家の入り口がかなり小さいことがわかると——彼らが得るものは最大直径約一〇センチの大きさ——この大きさの開口を早く見つけることができる。そして、ハチ達が南に面した巣の入り口を好むことがわかれば、木の南に面した側を最初に調べるだろう。しかし、心に留め置くべきことは、ハチたちの家の好みは絶対的なものではないということである。したがって、ハチ達の家の入り口を探して、木から木への探索を行う時には、高いところから低いところ、南から北（そしてその間の全ての方向）、そして小さいものから大きいものまで見るべきである。要するにあらゆるところだ！

一時間か、それとも三年か

しばしば聞かれる質問の一つは、一本のハチの木を見つけるのにどれくらい長い時間がかかるかということである。私の経験では、最短五十八分から最長三年の間のどこかである。私が第5章の三例の初心者の幸運ですでに述べたように、そこでは視野の中にある一本のハチの木でハチ狩りを始め、約一時間後にそれを見つけた。それぞれの場合、ハチ達を花の上で見つけるのは易しく、ハチ道もすみやかに確かめられた。そこでは餌場を動かす必要がなかった。そして、ハチ箱からハチ道をたどりながら、一ダース以下の本数の木を調べた後、私はハチ達のすみかを発見した。これらの魅力的な三つの全てで最後の探索は十分以下であった。

時間スケールの最長のものでは、二〇一一年七月に始めて、二〇一四年八月に完結したというものがある。それは、二〇一一年七月三十一日午前十一時四十五分に始まった。その時、私はアーノットの森の南の入り口に近い、バンフィールドクリークにかかる橋のそばのキクニガナの花から捕まえた、二匹のハチ達によってハチ道を確かめた。そのハチ道をすみやかに出発し、四十五分以内に、個体識別のために幾つかのハチ達にペイントの印をつけ、彼らの不在時間を測定した。最も短いものは三分三十秒で、これはハチの木が二〜三〇〇メートルしか離れていないことを示していた（図5・4参照）。素晴らしい！「これは短い狩りにちがいない」と私は自分に言ったが実際は、それは私がこれまで探した中で最も長くかかった狩りだった。

ハチ道は南東に走っていた。そして、午後一時にほとんど水のないバンフィールドクリークの床から、より大きいジャクソンクリークに繋がる場所へと一八〇メートルの移動を行った。ここから、ハチ達は巣板から彼らの巣へ行って戻るのに二分以上を必要とした。また、そこで二つのクリークが合わさる石の多い場所に移動して十分以内に、私は小さい巣板に止まる数ダースの働きバチを捕らえた。そこで巣板を蜜で満たすのに忙しくなった。おそらくこれらのハチ達の巣までは九〇メートル以下であろうということは明瞭であった。

同様にその方向が一三五度（南東）であったことも明白であった。コンパスは、ジャクソンクリークのそばから遠い、険しい一八メートルの高さの北向きの斜面に向かって正確に指していた。この斜面は寒く湿っていた。そして、そびえ立つストローブマツとツガで厚く覆われ、その大枝は暗い木陰の背景を成し、午後の日光の中で飛ぶハチ達を輝かしく示していた。まもなく、私は砂糖蜜を詰め込んだハチ達の何匹かが、木の生えた斜面にゆっくりと真っ直ぐに向かい、その頂上に近い何本かの木のてっぺんに神秘的に消えるのを見た。私はこのハチの木を見つけるのは難しいということを悟った。まもなく単に難しいのではなく、ほとんど不可能であることを知った。

その午後の残りの時間で、私はハチ道を横切って水平に行ったり帰ったりして、クリークから丘を越えて全地域をカバーすることでハチ達の森の家を探した。そして見つけたそれぞれの木を検査した。私はそこの樹木が息を呑むほど高いことを発見して失望した。そして間もなく、湿った斜面の上の高いマツとツガと、より乾いた丘の頂上の上に生えたカエデ、マツ、サクラとカシの幹を見ているうちに混乱してきたことを悟った。もしハチ達がこれらの空にそびえる木々のどれかの中に巣をかけていれば、彼らの家の入り口を見つける可能性は事実上ゼロであった。私は三時間探しても、木を見つけることができず、最後にあきらめた。

ドローンを投入

ハチの木に近づいていながら見つけるのに失敗したことは、私をうんざりさせた。そこで三年後の二〇一四年八月十六日の土曜日に、私の二人の養蜂友達である、メーガン・デンバーとジョリック・フィリップスが巣の入り口の写真を撮るため、彼らのドローンを見せようと訪ねてきた時（口絵8ページ）、私はアーネットの森のジャクソンクリークのそばの急斜面のどこかにある、謎のハチの木を見つけるためにチームで協力しないかとさそった。彼らは熱狂的に同意してくれた。そして私たちはそこに向かった。バンフィールドクリークを越える橋のそばのクロニンジンからハチ達を捕まえるところから始めて、私が二〇一一年七月にとったのと同じハチ道をたどった。私たちはその群れが過去三年間、継続して生き残っていたか、あるいは一旦は死んで、その場所が再び占拠されたかを判断することはできなかった。しかし、いずれにせよ、私たちは再び、この魅力的なハチの木を探す機会を得た。南東を向いたハチ道をたどって、ジャクソンクリークを横切り、それからクリークの境界となっているほとんど垂直の斜面を登って移動したが、そこに近づくのは難しいことがわかったので、私たちの狩りの出発点を、ジャクソンクリークの東のバーンズヒルを登った、日陰の道路であるデッカーロードに沿った、放棄された砂利取り場へと四〇〇メートルだけ北東に移した。私たちはクリークの底から行くよりは、斜面の上から近づいてハチ達の家を見つける方に可能性があることを期待した。

砂利取り場で、私たちはフキタンポポ（*Tussilago farfara*）の花からもっと多くのハチ達を捕まえた。そして、私たちは二三五度（南西から少し西）を指すハチ道を確かめた。それはいらだたしいほど高い木のある場所に向かって戻るものであった。また間もなく、私たちのハチ達の最小の不在時間がちょうど三分をわずかに超えるものであり、巣はせいぜい一八〇メートルかなたにあることを確かめた。この地点で、私たちはハチ道をたどって、一本一本の木の探索を始めたが、再び成功しなかった。この午後の終わりに探索を止めた。それはメーガンとジョリックがニューヨーク州キングストンの彼らの家まで、ハドソン川に沿って四時間のドライブをするからである。

再びこのハチの木にじれったい思いで近づいたが、それを見つけるのに失敗したことで、私は全く腹が立っていた。そして、私はもとに戻り、また再び試みることに決めた。私はもう少しの技をもって、そびえ立つ木々の中の狭い場所へと探索地域をしぼり、ハチ達の隠れ場所を発見するチャンスを高めようとした。八月十七日、日曜日は雨だった。しかし月曜日の正午には晴れた。そして私はアーノットの森でメーガン、ジョリックと別れた地点へ車で行った。

午後二時の数分前に砂利取り場に到着し、アニスの匂いをつけた砂糖蜜で巣板を満たした。五分以内に、土曜日の狩りの間に印をつけたハチ達の一匹のうち、腹部にオレンジ色をつけたのが巣板の上に降り、私の上等の砂糖蜜を積荷し始めた。二時三十分に、巣板の上に勤勉な餌採りバチのよい群れが来た。そして私は道路を南に下りて一連の移動をするという計画を実施し始めるばかりになった。ハチ達が砂利取り場から家に飛んで行く時、彼らは道路に直角に走るハチ道をたどって飛ぶのではなかった。しかし私は彼らがそうするといいなと思っていた。なぜならば、道路からハチの木へ直角に走る道が、最短で森を通ってハチの木に至る直線コースだったからである。そこで、つぎの二時間半、道路に沿って合計四五〇メートルの四回の移動を行った。最後に私はハチ達が道路に直角な道に沿って家に飛ぶような場所に到達した。彼らの飛翔方向を二六五度（ほぼ西）と測った。この場所で同じ方角に沿って、森の中に向かった。私は自分の知識を深く信頼していた。それはハチの木はデッカーロードからジャクソンクリークへの、二六五度に走る線に沿ったどこかに立っているということである。その線はわずか一三五メートルの長さであった。

三年ぶりの発見

私は根気づよく一時間探した。しかし、なおハチ達の徴候はなかった。午後六時となり、空気が涼しくなり始め、また失敗したという考えが頭を満たし始めた。私の困難は、これらの愛すべき、しかしいらいらするほど高い木々の上部を調べることが不可能だということであった。しかし、それからほとんど信じられないことが起こった。険しい斜面の頂上の二六五度線に沿って立っている間にショーン・グリフィンが、私の携帯電話を鳴らしていた。彼はコーネル大学の大学院生で、二〇一一年にアーノットの森のハチ狩りと、ミツバチの遺伝学の研究のためにこの森に棲むミツバチのサンプルが必要な時に私を助けてくれた人である。ショーンはアブラナの受粉についての修士論文に関する質問をするために、オクラホマから電話をかけてきたのだ。私はそこに立ちながら、私がどこにいて、何をしているか、どんなに彼の助けがほしいかを話した。その時、突然、西を見た私の目の高さの木の

図7・4　高いツガの木の傷ついたてっぺんにある隠れ家に入るハチ達。

てっぺんで、ハチが約二七メートル離れた一本の巨大なツガの木の穴に、ビュンビュン出たり入ったりするのが太陽に照らされているのが見えた（図7・4）。私はもっと注意深く見た。イエス、これは確かにミツバチだ！　このハチ狩りを始めて三年と十八日後に、私は遂にそのハチの木を見つけたのだ。この古いツガはそのてっぺんがおそらく、雷か暴風のために傷ついていた。そしてその最上部は枯れていた。ミツバチ達は魅力的な巣作りの空洞を見つけていた。そこはハチ達が棲むための素晴らしい場所に見えた。日当たりがよく、景色もよく、クマ達から完全に安全な場所であった。

これらのハチ達の隠れた木のてっぺんの家を私が発見するという素晴らしい幸運の一撃に加えて、もっとびっくりしたことは、第一に、彼らが棲んでいた（そして今もなお棲んでいる）ツガの木は、私が立っている場所から一四メートルも下の場所から生えていて、ハチ達の巣の入り口は木の根元から一六メートル上にあることが判明した。それは、私が斜面の上から見た時に、ちょうど私の目の高さにあった。これがこの発見のために必須のことであった。それは木の根元から見上げても、数知れない木の枝が全てを覆い隠すため、決して入り口は発見することはできない。第二に、私が丘の頂上に立っていて近くの木のてっぺんの西側を（無意識に）見つめていたということだけでなく、私が「ちょうどよい場所」に立っていたということも重要であった。もし、私がショーンの電話を受け取った時に、私とハチの木の間を走る仮想的な線の一・八メートル以上左か右に立っていたら、あるいは、この線に沿って一・八メートル以上前か後ろに立っていたら、ハチ達を見つけることはできなかったであろう。この林床の三・六メートル×三・六メートルの小区画の中に立っていた時にのみ、これらのハチ達の木のてっぺんの家が見える線上にいることができる。第三に、ショーンが私に電話をかけてきた時間に幸運の驚くべき一撃があった。それを私はのちに、巣の写真を撮る時に知ったが、それは午後の終わりで、太陽が南西にあって光がツガの大枝の隙間から光り、ハチ達の飛翔経路を照らし、彼らの巣の前に明るく輝いたことである。これらのことを思い返した時、このハチの木を発見するにあたって、ハチ狩人として本当に幸運だったと思う。

ハチ狩りに失敗する時

ハチ狩りの最大のスリルは、最後にハチの木の家を見つけた時にやって来る。不幸なことに、全てのハチ狩りにおいてこのスリルを経験することはない。ある時には、ハチの木を探して、ごく近くまで接近したが、見つけられずに家に帰るであろう。おそらく、これはよいことである。なぜなら、べストをつくして努力をしても失敗しやすいということがわかると、それは成功した時の喜びをひときわ大きくしてくれるのではなかろうか？

オックスフォード英語辞典は「失敗」について四つの定義を与えている。ハチ狩りに最もよく関係しているのは二番目である。「追跡していて、消耗あるいは限界に達するという事実……」。一人のハチ狩人は田舎に出て、目の前に数千の木々のある森に足をのばす。おそらく、一本だけがハチの木であろう。一組のハチ狩りの道具プラス、ハチ狩人としての技能と知識で装備し、一つのハチ道を確かめる。畑を横切り、山を登り、湿地を渡って一連の移動をして歩く。そしてハチ達の餌場への不在時間を減らして行く。時には、この狩りは人の制御を超えた力によってうち切られるだろう。風雨によって止められるか、あるいは電話で呼び出されるか。これらは悪い運命の時であって、失敗ではない。けれども、別の時には、ハチ達によって深い森にひきずりこまれる。そこではハチ達は巣板から輪を描いて木の上にのぼり、彼らの家への道を明らかにしてくれない。あるいはハチ達の家に近づいていても正確な場所を見つけることができない。狩人の楽観と不安の感覚はいらいらと失敗の感覚に変わる。なぜなら、最善の努力をしたが、壁はあまりに大きかった。オックスフォード英語辞典の中の言葉で、「限界に達する」という事実を経験する。しかし勇気を出してほしい。というのはこの狩りで筋肉と心が鍛錬されたからである。おそらく狩人は偉大な自然の美しい場所を楽しみ、世界の中で最も知性的な昆虫と確かに関わったのだから。

生物学の部屋 7

ミツバチ達のすみかの探し方

多くの動物種において、各個体は彼らの巣を作り、子孫を育てる微小な生息場所を注意深く選ぶ。この行動はきわめて有益である。それはその生息場所が、厳しい物理的条件と捕食動物から守ってくれるからである。ミツバチは巣を選ぶために極端に洗練された過程を経る。候補となるすみかの六つ以上の明確な特性——それは空洞の容量、入り口の大きさ、入り口の高さ、以前の群れからの巣板の存在を含む——が、その場所の質の全体的判断を作り出す。ミツバチによる巣の場所の選択はさらに興味をそそる。なぜならば、それは一つの社会的過程であり、数百匹のハチ達が協力して、最良の棲み場所を同時に偵察するからである。この集団的探索作戦はしばしば、二〇以上のすみかの候補を明らかにする。最後にそのうちただ一つが住居として選ばれ、それは常に最良の一つとなる。

ミツバチがどのようにして棲み場所を探すかを理解するために、私が最初に行ったのはミツバチの自然の巣の形を調べる研究であった。この研究で、私はニューヨーク州イサカのまわりの森の中で、空洞のある木に棲む二一の野生の群れの位置を確かめた。私はそれからハチの木を切り倒し、群れを集め、彼らの巣を分解した。この研究によって、ミツバチが野外で棲む時、彼らは養蜂家の巣箱に棲んでいる時とは、全く異なる振る舞いをすることを明らかにした。養蜂家が大量の蜜（群れがこれまで必要としたよりもはるかに多い蜜）を備蓄することができる大きく分蜂しない群れを望むのに対して、野生の群れはその大きさが三分の一か二分の一で、彼らは必要とする比較的少量のハチミツしか備蓄しない。そして彼らの残っているエネルギーは、ほぼ毎年の分蜂とドローン（雄バチ）を育てる群れの繁殖に捧げられている。養蜂家の群れが野生の群れと違うのは主に、群れに極めて豊富な巣の空間を提供するために起こる。その結果、養蜂家によって管理された群れは、大量の蜜を貯め、過密にならず分蜂もしない。これとは対照的に野生の群れは、通常養蜂家の巣箱の四分の一か二分の一の空洞しか占めないので、そこで彼らはすぐにこの空間に入りきれなくなり、毎年、分蜂する。野生の群れはまた、一般的に地面から高い木の空洞に棲むが、養蜂家の群れは、もちろん、地上に置かれた巣箱に中に棲む。

ミツバチの群れのハチの木の家と養蜂家の巣箱の家の間の顕著な違いを見いだして、私は、野生の群れが比較的小さく、高い木の空洞に棲むことを選んでいるからなのか、あるいは単にそのような空洞が、彼らが自然の中で普通に手に入れやすいものであるからなのかを不思議に思った。ミツバチの巣の大きさの選好性を分析するために、イサカのまわりに二五〇個以上の対の巣箱を置き、どれがミツバチの野外の分蜂群によって占められるかを見た。木あるいは電柱の対は互いに約九メートル離し、そこで、ハチ達に視界、風当たりなどを競わせた（図を参照）。巣箱のそれぞれの対は一つの巣の場所の選好性を試すようにデザインされた。私は自然の典型的な巣と同

図　ミツバチの巣場所の選好性の研究のために用いた2つの巣箱。これらの箱は、入り口が右は（12.5平方センチ）左（75平方センチ）より小さいこと以外は、全て同じ（空洞容量、形、入り口の高さ、方向など）である。

じもの（典型的な入り口面積、空洞の容量など）と、全て競うような巣箱とを分蜂群に与えた。野生の分蜂がどちらのタイプの箱を占めるかによって、その選好性を示した。例えば、入り口の高さの選好性を試すには、巣箱の対の一つは地上からの高さが高く（自然界でよく見られる四・八メートル）、もう一つは低い（あまり見られない〇・九メートル）こと以外には同一のものを置いた。

表3に示したように、分蜂は次の巣場所の選好性を表した。すなわち、入り口の大きさ、入り口の方向、地上からの入り口の高さ、箱の床からの入り口の位置、箱内部の容量、箱の中の巣板の存在。入り口に関する四つの選好性は、寒い冬と危険な捕食動物の脅威に対するものである。小さい入り口は外環境から巣を守

特　性	好　み	理　由
入り口の大きさ	12.5 ＞ 75 平方センチ	群れの防衛と温度調節
入り口の方向	南＞北向き	群れの温度調節
入り口の高さ	4.5 ＞ 0.9 メートル	群れの防衛
入り口の位置	底＞空洞の上	群れの温度調節
入り口の形	円＝垂直な割れ目	機能的に差がない
空洞の容量	9.5 ＜ 38 ＞ 95 リットル	蜜と群れの貯蔵空間
空洞の中の巣板	あり＞なし	巣の材料の節約
空洞の形	立方体＝縦に長い	機能的に差がない
空洞の乾燥	湿る＝乾く	ハチは湿った空洞でぬれてもかまわない
空洞のすき間	あり＝なし	ハチは割れ目や穴をふさぐことができる

表３　分蜂の巣箱占拠に基づく巣の場所の特性と蜂の好み。A ＞ B は A が B より好まれることを示し、A=B は A と B の間に好みの違いが無いことを示す。

り、独立させるのにおそらく役に立つ。木の高いところに入り口があれば地面の近くよりも捕食動物によって発見されにくく、そこには飛んだり、木に登ったりすることができない捕食動物は到達しにくい。巣の空洞の底の近くにある入り口は、上部にあるものよりも、空気の対流によって群れから熱が失われることが少なくなる。そして、南に面した入り口は太陽で暖められ、そこから餌採りバチが飛び立ったり着陸したりするのによい。九・五リットルより大きい空洞を好むことは、ある群れにとって冬に生き残るために必要な蜜を十分に貯める上で必要であろう。寒い気候の地帯では、冬の間中の熱を出す燃料として、巣板を満たす約一八キログラムの蜜が必要である。この大きさの蜜を蓄えるには、最小でも約二七リットルの巣の空間が必要である。

第8章 ハチの木を奪ってはならない

伝統的にはハチ狩りの最後の段階は、ハチの木を「奪うこと」であった。——それは、木を切り倒し、空洞を裂き開き、巣からハチミツを獲ることである（図8・1）。この意地の悪い仕事は、しばしばそのハチの木のある場所で直ちに行われる。しかし、事情に精通しているハチ狩人は、霜が花を枯らし、ハチ達がその年にできるだけ多くのハチミツを貯めるまで待つのであった。木の所有者から一瓶か二瓶のハチミツと交換で許可を得て、ハチ狩人は木こりと、おそらく何人かの客の小さい一隊と共に、勇んで出かける。この一隊は、ノコギリとチェーンソウ、斧、大槌、少なくとも三つの頑丈な鋼の楔、養蜂家の面布《めんぷ》［ハチに刺されないように顔を覆う目の粗い布］と手袋、燻煙器《くんえんき》、一本か二本の古い台所用ナイフ、さまざまなバケツ、洗い鍋、その他巣板の入れ物で装備された。狩人の頭文字で印をつけられたハチの木は、彼がハチ道をたどった時に手斧で木の皮に印をつけておいた小道に従って、容易に見つけられた。その木に到着すると、ハチ狩人は大胆にそれに登り、ハチ達によって占められた空洞を切り裂くこともあるかも知れない。しかし、通常彼と助っ人たちが木にV字形の切れ目を入れ、その後ろをノコギリで挽いて木全体を倒す。木は轟音をあげてくずれ倒れた。しばしばハチ達によって占められた空洞が裂け開いた。今やどっと巣を離れたハチ達は猛烈に刺してくるが、ハチ狩人は急いで、全ての開口部に燻煙器の煙を吹き付ける。それによってハチ達は、彼らの粉々になった巣板からしみ出すハチミツの上一杯に止まって、静かになった。

闘いに勝った強いハチ狩人は、次に倒れた木の幹の、ハチ達の家の入り口の上と下に深くノコギリ目をつけた。ハチミツと蜜蠟が横断したノコギリの刃の上に現れるか、あるいはチェーンソウのチェーンから吐き出された時、彼らはその巣に到達したことがわかった。次にノコギリの切り口の一つの基部に楔をさしこみ、大槌で叩いて巣を動かした。それから二番目の楔を幹の木目に沿ってさらに打ちこみ、おそらく三番目の楔がはじめの二つと同じ線に沿って打ち込まれた。結局、巣の入った空洞のある木の幹の厚板が壊れると、これを重い蓋のようにこじ開けられるようになった。そしてハチ達と蜜の入った巣板が現れた。これらの巣板は通常、層状に横たわり、木の空洞の内側〇・六〜一・五メートルの至るところに並んでいる。そこでハチ狩人は長い巣板を木の空洞の壁から切り離し、彼らのバケツに合う大きさの塊に切った。最後に、彼らは中身を抜き取ったハチの木から九〇メートルほど後退し、手袋と面布をはずし、素晴らしく美味しい新鮮なハチミツを食べる。巣板はその場では食べられない。家に持ち帰って、小さくくずして、荒目の綿布の袋に入れ、暖かい部屋の中で鍋の上に吊るす。一日か二日後に蜜がしたたり落ちて、砕いた巣板の蜜蠟が乾いたかけらになると、ハチミツを鍋からガラス瓶に移して貯蔵した。このようにして、酷いハチミツ狩りとなったハチ狩りは終わった。

図8・1　ルフス・フェアチャイルド・ゾグバウムによって「野生のミツバチの巣の略奪」という題で描かれた図。これは1883年11月3日発行の雑誌『ハーパーズ・ウィークリー（27巻1402号）』に載っていた。

二つのものが奪われる

ハチの木を奪うことについて、一つの避けられない事実がある。この行動の残酷さである。その木がひとたび倒されると、巣の空洞は口を開けられ、ハチミツは取り除かれ、多くのハチ達は死ぬ。秋遅くに、彼らの食物と隠れ場所が奪われると、もしハチ達がもう一つ別の空洞を占めることによって隠れ場を得ることができたとしても、彼らには蜜を新たに集める機会はもうない。ハチ達は夏中、懸命に働いて、彼らの冬の暖房燃料となるべきハチミツを貯めてきた。しかし、今や、彼らは労働の果実を無慈悲にも盗まれ、そして間もなく、彼らの生存さえ失われる。

ハチの木を奪うことはスリリングであるが、私は奨励することはできない。大部分のハチ狩人の心が十分に温かく、彼らが見つけたハチの木を奪う気にならないことを私は熱烈に希望する。結局、そうすることは尊敬するに値する二つの生き物を殺すことになる。それは、ハチの巣が入るようになるまで生き延びた老いた木と、自分たちだけで全く繁栄したハチの群れである。その上、温かい心を持ったハチ狩人が、ハチ狩りの間に彼のもとにとどまり、彼の餌場に何回も旅をして彼らの家に向かって飛翔していった、友好的なハチ達を傷つけることをはたして望むものだろうか？　養蜂家から買ってハチミツを得ることの方が、はるかに人間的であることは確かである。それは養蜂家がハチに損害を被らせない方法で、群れからハチミツを収穫することができるからである。

私はハチの木を奪う人たちが見過ごしていることを経験上知っているので、ハチの木を奪うことに関係する道徳的問題を提起する。今から四十年前の夏、私は職業的な生物学者になろうと励む若者であった時に、二一本のハチの木を奪った（図８・２）。私はこれを「科学の名のもとに」行った。す

図8・2　ハチの木を奪う。左：図1・1に示したハチの木を倒す。右：1975年7月に著者がハチの木の中の巣板を分解して調べている。

なわち、セイヨウミツバチ（アピス・メリフェラ）の自然の巣の最初の詳細な記載をするという、科学的に価値ある成果を勝ち取るためであった。これは養蜂家の巣箱の中ではなく、野外でどのようにハチ達が生きているかについての私たちの貧弱な知識を広げる、一つの重要な一歩であった。そこで、私はこの研究を実行することに熱中した。

私が今日、同じ研究をするとしたら、私はハチ達のために、もっと大きい配慮をもってそれをやるであろう。私は、空洞の大きさと形、巣板の合計面積、群れのハチの数、貯蔵蜜、その他のデータを集めるために、各ハチの木で「切り出し」をすることであろう。これは、たまたま建物の壁の中に巣を作って生きているような群れを、養蜂家が取り出す時に行う作業である（図8・3）。それは、巣を全て露出するために、建物の外壁のある部分を取り除き、ハチで一杯

図8・3　完成した「切り出し」作業。大風で吹き倒された左側のハチの木は、その根元でミツバチの巣を露出している。この群れの全ての巣板は切り出され、巣箱の中に置かれた木枠の中に据え付けられる。ハチ達はしだいに彼らの新しい家である巣箱の中に動きつつある。

に覆われた巣板を切り出し、それを一つの巣箱の木枠の中に入れて、その巣箱を以前の群れの巣の入り口のそばに寄せて置く。夕暮れが来て、全てのハチ達が彼らの新しい家（巣箱）の中にいるようになった時、養蜂家は戻って巣箱の網戸を閉め、彼らが問題なく生存できる場所にその巣箱を動かす。このようにして、（一）ハチ達は彼らの新しい巣を得て、（二）建物の所有者は彼の問題を解決し、ハチ達を殺さなかったことで自分を高潔であると感じ、そして（三）養蜂家はハチ達の群れを得ることに加えて、巣を取り除いたサービスによってお金を得るのが通常である。それは、ミツバチが歓迎されない場所で生きているという問題に対する、ウィン－ウィン－ウィン（三方よし）の解決である。

価値ある野生のミツバチ

なぜ、私たちはこの惑星を分け合っているミツバチの群れを評価し、守るべきなのだろうか？　これに答えるためには、私は一つの歴史的観点を適用することが役に立つと思う。最初にミツバチは、少なくとも三〇〇〇万年の間、存在してきたということが化石の記録からわかっている。そこで、人類は、彼らが生まれてから約十五万年の間、ミツバチの野生の群れを素晴らしい食物として蓄えることができた。現代的な養蜂の道具と技術が発達する一八〇〇年代の後半以前に、野生の群れはハチミツの主な源であり、あらゆる自然の食物のうちでもっとも美味しいものであった。けれども、今日では、野生の群れから採られるハチミツは極めて少ない。人間が毎年、ぜいたくに食べるハチミツの数億キログラムのうち、全ては、一〇〇〇万群以上の、養蜂家によって管理され働かされているミツバチの群れから作られる。

地球上で生きている野生のミツバチは、ハチミツ製造者として私たちにはもはや重要ではないけれども、彼らには花の授粉サービスという世界中で数百億ドルの価値が残っている。これは驚くべきことであろう。ただ、私たちのリンゴ園、トマト畑、クランベリーの生えた湿地、そして他の作物の畑に飛んでくるのは、養蜂家の巣箱から飛んでくるハチ達だけではない。野生の群れからのミツバチは――マルハナバチ、孤独性のハチ、そしてさまざまなハチ以外の花粉媒介者と共に――農業ビジネス、特に畑と組み合わされた景観、森と荒れ地に対しても強力に貢献している。これらは、野生のミツバチのための豊富な営巣場所と食物源、そしてただでサービスする他の花粉媒介者の生息場所である。

花粉媒介と（極めて限られた）ハチミツ生産の他に、もう一つミツバチの野生の群れは今日の人間に対して価値がある。セイヨウミツバチのアピス・メリフェラという種が、病気の脅威に適応するための特別な遺伝的資源として存在しているのだ。過去ほぼ五十年間、ミツバチは新しい感染性の病気の発生によって脅かされている種のリストに載った。ミツバチがさらされている危機の主な原因は、ミツバチへギイタダニ（*Varroa destructor*）と名付けられたダニの世界的流行である。このピンの頭ほどの、円盤形のダニはアジアに土着し、アジアにのみ棲むトウヨウミツバチ種のアピス・セラナ（*Apis cerana*）［ニホンミツバチはこの一亜種］に寄生はするが、ハチをめったに殺さない。不幸なことに、人間がこれらのダニを西洋の巣箱のミツバチ種のセイヨウミツバチ（アピス・メリフェラ）に偶然に導入した。

セイヨウミツバチはもともとアフリカ、中東、ヨーロッパに生息していたが、今では南極を除いて全ての大陸に棲息している。このダニによる寄主転換問題は学名の *destructor*（＝破壊者）が意味するように大きく、ミツバチにとって破壊的なものであった。世界中で、このダニはセイヨウミツバチの数百万の群れの死の原因となってきた。このダニはあまりにも致死力が強い。それはハチからハチへとウイルスを容赦なく媒介する。このウイルスはハチが罹りやすく、その幾つかは極端に致死的な系統である。例えば、チヂレバネウイルス（ＤＷＶ）は極めて有害である。それに重く罹った働きバチは翅がねじれて、飛ぶことができない。ある群れでダニが急増した場合、その働きバチはチヂレバネウイルスとその他のウイルスの感染によって死に、個体数が減少する。養蜂家はこの減少を蜂群崩壊症候群（ＣＣＤ）と名付けてきた。

北アメリカとヨーロッパの養蜂家が、彼らの群れがミツバチヘギイタダニによって媒介されるウイルスが原因で起きる死滅――年間三〇%以上――に対応する主な方法は、彼らの群れをダニ用の殺虫剤で定期的に処理することである。しかしながら、この方法は、次の四つの理由でCCDを持続的に治療するものではない。それは、(一) これらの薬品に対するダニの抵抗性の進化を促進する。(二) 生産されるハチミツを殺虫剤で汚染する。(三) ハチそのものに負の影響を持つ。しかし、群れに繰り返し薬をかけることのおそらく最大の欠点は、(四) ハチ達が自然選択によってダニとウイルスへの抵抗性を発達させる過程を鈍らせることである。

野外で生きているミツバチの群れは、ダニの殺虫剤の影響を受けていない。その代わりに、彼らは病気に抵抗する固有の能力に頼っている。これは、野生の群れの個体群が、致死的なダニ―チヂレバネウイルス連合への抵抗性についての過酷な選択を経験することを意味する。それは学説上の話だけではない。私たちは自然選択がセイヨウミツバチの野生(管理されない)の群れの、少なくとも三つの個体群にダニ抵抗性を与えていることを知っている。それは、ロシア、スウェーデン、フランスの個体群である。ロシアのハチ達は、雌のダニに寄生された発育中のハチ(蛹)の大部分を巣から引きずり出すことによって、ダニの繁殖を妨害する技能を持っている。これはダニの繁殖を抑え、群れのダニ個体群を抑圧する。スウェーデンとフランスのダニ抵抗性ハチ個体群においてもまた、ダニの繁殖は阻害される。しかし、両国のハチ達がいかにして、この救命手段を達成するかについては謎のままである。

生存者は繁栄する

アーノットの森の中や、まわりに棲む野生の群れの個体群についてはどうだろうか？　この野生のミツバチの群れが、彼ら自身で生き残ることを助ける遺伝的形質を進化させているかどうか、私は（まだ）知らない。けれども、この森に棲む群れがミツバチヘギイタダニに感染していること、彼らはダニの感染を防除するための殺虫剤処理を受けていないこと、しかし、彼らは生き延びており、群れの個体群を維持するのに十分な繁殖をしていることを、私は知っている。私はまた、遺伝的分析から、この野生の個体群は、その地域の（極めて少ない）養蜂家の群れからの分蜂の移入によって保持されては「いない」ことを知っている。しかしながら、アーノットの森のハチ達について最も興味をそそられることは、この森で一九七七年と二〇一一年に群れから採集された働きバチのゲノム［生物個体が持っている遺伝子の全セット］を比較した最近の研究である。

この群れの個体群では一九七七年と二〇一一年の間の三十四年間に、時おり大量死が起こった。この死滅はおそらく、ニューヨーク州へのミツバチヘギイタダニの襲来、従って一九九〇年代の中頃の少し後に起こったのだろう。アーノットの森における疑いもない高率の群れの死は、「個体群のボトルネック」［ある環境要因によって個体数が、瓶の首のように極端に少なくなり、そのあと遺伝的な変異性が低下すること］をひきおこすと考えられる。その明白な徴候は一九七七年と二〇一一年の間に、これらのハチ達の遺伝子の多様性が驚くほど喪失したことである。今日、この森に棲んでいる全ての群れはまさに一握りの群れの子孫であり、おそらく、ミツバチヘギイタダニの襲来から生き残った三群か四群である。この研究はアーノットの森のハチ達の数百の遺伝子が強い選択を受けた徴候を示し、それは新しい病原体あるいは寄生者からの強い攻撃を受けている種でよく起こる現象である。そのような個体群における生存者は、新しい病原体への抵抗性を授けられた遺伝子を持つように考えられる。

アーノットの森のミツバチを含む野生のミツバチの群れの個体群の、病気に対する抵抗性の進化について完全に理解するには、より多くの研究が必要である。しかしながら、もし野生の群れのある個体群がそれ自身で生きることが許されるならば（そこでハチ達は強い自然選択を経験する）、そしてもし、この個体群にどこかから遺伝子が入ってくることがなければ（そこで自然選択が個体群の遺伝子の有益な改造型の頻度を増すことができるならば）、この野生の群れの個体群は、その病原体と、そして環境全体とのバランスのとれた関係を進化させることであろう。それ故、私は昆虫の中でも私たちの最大の友達であるセイヨウミツバチの繁栄をいかに促進するかを深く考え、有名なナチュラリストで熱心なハチ狩人である、ヘンリー・デイビッド・ソローの「野生の中に世界の維持がある」という言葉を心に留めることを提案する。

生物学の部屋 8

野生のミツバチの群れを手に入れる方法

もし、いかなる養蜂家の巣箱からも数キロメートル離れた、ある大きい森に近づくことができたら、この場所に棲んでいる野生のハチの遺伝子を持ったミツバチの群れを手に入れることは容易であろう。それは単に、「正しいデザインの」巣箱（わな巣箱）を「正しい場所」に、「その年の正しい季節」に置くだけでよい。私はニューヨーク州のイサカのまわりの田舎で四十年以上わな巣箱で分蜂群を捕まえてきた。私は毎年夏に二、三箱のわな巣箱で平均して一つの分蜂群を捕まえている。

わな巣箱での成功にむけての第一歩は、家を探しているミツバチに魅惑的な木製の箱を作ることである。生物学の部屋7でミツバナの夢の家をどう作るかについて詳述した。四〇リットルの容量の部屋と、約一二・五平方センチの入り口の穴が部屋の底に近いところにあるものを、南に面して地上から高いところに置く。これらの基準に適合するわな巣箱を作るために、私は古い巣箱を用いて、その入り口を約一二・五平方センチに狭めるために木製のブロックを使った。次に、古い匂いのついた巣板を巣箱につめる。最後に、少なくとも地上三メートルの場所にこの巣箱を

図　木の家の中に取り付けたわな巣箱。これは一つの標準的な養蜂家の巣箱で、その入り口は約12.5平方センチに狭められている。それは古い巣板で満たされた10個の木製の枠を含む。この木の家の3.2キロメートル以内には養蜂家が管理するミツバチの群れはない。そしていまだに、ほぼ毎年ここに取り付けたわな巣箱に分蜂群が移動してくる。

取り付ける。木の家（図を参照）あるいは玄関の屋根の下であれば完璧である。できれば、入り口を南に向ける。私はこれについてしっかりしたデータを持っていないが、わな巣箱が森の縁のある大きい木に取り付けられた時、より大きい成功を得ている。それはおそらく巣の場所を偵察バチが最も探しやすく（大きい木なので）、期待できるすみかを（目立つ位置で）見つけやすいからであろう。

わな巣箱で成功するには、その地域でいつ分蜂が行われるかを知ることが助けになる。分蜂はミツバチの群れの繁殖の過程であり、確立した群れのメンバー——一万匹の働きバチの群れ——が母の女王バチと共に、娘の群れを生み出すために飛び去ることである。一方、残ったものは家に留まり、親の群れを永続させるために一匹の新しい女王を育てる。それは主に春の終わりから夏の始めにかけて起こる。それは私の住んでいる場所では五月から六月である。一般的に、わな巣箱を分蜂シーズンに二、三週間先立って、取り付けることが望ましいであろう。ひとたびそれらを配置したら、毎週チェックすることが賢明だ。それはハチ達が占拠して蜜を積み込む前にわな巣箱を動かすことが望ましいからである。占拠されたわな巣箱を下ろす時に、私は最初に入り口にいくらかの煙を吹きかける。これはハチ達を静かにさせ、彼らを巣箱の内部にうまく移動させるためである。次に、入り口に金網の一片を釘止めする。最後にロープを使って巣箱を地上に下ろす。注意：わな巣箱を持ちながら、梯子を下りてはいけない。これを試みて、もし途中で巣箱を落とした時に極めて危険だからである。

もし、わな巣箱を適切に作り、注意深く置くならば、そしてもし、自然がその場所に豊富な分私はおめでとうと言いたい。なぜなら、今やあなたは「ハチ狩人」だけではなく、「ハチわな仕掛け人」の称号を得るからである。

蜂群を贈るならば、分蜂を捕まえられる可能性は高いであろう。もしあなたが成功したら、

索引

生物学の部屋 4 : Original drawing by Margaret C. Nelson
図 5.1. Photo by Megan E. Denver
図 5.2. Photo by Kenneth Lorenzen
図 5.3. Photo by Thomas D. Seeley
図 5.4. Original drawing by Margaret C. Nelson
図 5.5. Photo by Thomas D. Seeley
図 5.6. Photo by Thomas D. Seeley
生物学の部屋 5 : Original drawing by Margaret C. Nelson
図 6.1. Original drawing by Margaret C. Nelson
図 6.2. Photo by Thomas D. Seeley
図 6.3. Photo by Thomas D. Seeley
図 6.4. Modified from the figure in P. Dudley, 1720, "An account of a method lately found in New-England, for discovering where the bees hive in the woods, in order to get their honey," *Philosophical Transactions of the Royal Society of London* 31: 148–150.
生物学の部屋 6 : Modified from fig. 16 in B. A. Cartwright and T. S. Collett, 1982, "Landmark learning in bees," *Journal of Comparative Physiology* A 151: 521–543.
図 7.1. Photo by Thomas D. Seeley
図 7.2. Photo by Thomas D. Seeley
図 7.3. Photo by Thomas D. Seeley
図 7.4. Photo by Thomas D. Seeley
生物学の部屋 7 : Photo by Thomas D. Seeley
図 8.1. Photo by Megan E. Denver
図 8.2. Photos by Thomas D. Seeley
図 8.3. Photo by Megan E. Denver
生物学の部屋 8 : Photo by Thomas D. Seeley

口絵写真

ページ１：Photo by Jorik Phillips

ページ２：（上下とも）Photo by Thomas D. Seeley

ページ３：（上）Photo by Thomas D. Seeley

（下）Photo by Megan E. Denver

ページ４：Photo by Megan E. Denver

ページ５：Photo by Megan E. Denver

ページ６：（上）Photo by Helga R. Heilmann

（下）Photo by Thomas D. Seeley

ページ７：（左）Photo by Thomas D. Seeley;（右）Photo by Megan E. Denver

ページ８：Photo by Megan E. Denver

本文写真、図

図 1.1. Photo by Thomas D. Seeley

図 1.2. Photo by Thomas D. Seeley

図 1.3. Photo provided by the Pierpont Morgan Library, New York. MA 1302.19. Purchased by Pierpoint Morgan with the Wakeman Collection, 1909.

図 1.4. Photo by Alexander L. Wild

図 1.5. Title page of *The Bee Hunter* by George Harold Edgell, Cambridge, Mass.: Harvard University Press, Copyright © 1949 by George Harold Edgell

図 1.6. Original drawing by Margaret C. Nelson

図 1.7. Photo by Thomas D. Seeley

生物学の部屋 1 : Original drawing by Margaret C. Nelson

図 2.1. Photo by Megan E. Denver

図 2.2. Photo by Megan E. Denver

図 2.3. Photo by Megan E. Denver

図 2.4. Photo by Megan E. Denver

生物学の部屋 2 : Original drawing by Margaret C. Nelson

図 3.1. Photo by Helga R. Heilmann

図 3.2. Photo by Megan E. Denver

生物学の部屋 3 図 A: Original drawing by Margaret C. Nelson

図 B: Original drawing by Margaret C. Nelson

図 4.1. Original drawing by Margaret C. Nelson

図 4.2. Photo by Helga R. Heilmann

図 4.3. Photo by Helga R. Heilmann

図 4.4. Photos by Megan E. Denver

図 4.5. Photo by Helga R. Heilmann

図 4.6. Photo by Thomas D. Seeley

訳者あとがき

セイヨウミツバチはヨーロッパとアフリカが原産であるが、人工的な巣箱による養蜂がはじまってからは、人の手によってユーラシア大陸全域と南北アメリカに広がった。従って、この本が扱っている北アメリカの野生のセイヨウミツバチは、導入後、野外に逃れたハチが野生化したものである。

人類は、はじめ野生のミツバチの狩りをしてハチミツを得ていたが、やがてもっと容易に蜜を得られる養蜂の技術を手に入れ、野外でのハチ狩りは廃れていった。それは、動物の家畜化によって皮や肉を得るための狩りが廃れていったことと同じである。しかし、今でも動物の狩りは一種のスポーツとして地方に残っている。著者のシーリー氏は、野生のミツバチにおいても、この狩りを復活させたいと考えて、この本を書いた。

この本の最初に出てくるハチ狩りをしたヘンリー・デイビッド・ソローは、一八一七年にアメリカ、マサチューセッツ州コンコードに生まれ、ハーバード大学を出たあと、郷里にもどり文筆家となった。彼は当時のアメリカの文明生活に疑問を持ち、一八四五年にコンコードから二、三キロはなれた森の中のウォールデン湖（本書ではウォールデンポンド）のほとりに小屋を建て、二年二ヶ月の間、自然の中で極めて簡素な生活を送った。その記録は一八五四年に『森の生活』（飯田実訳：岩波書店）にまとめられ、多くの人に読まれた。ソローは生態学と自然保護運動のアメリカにおける先駆者としても高く評価されており、著者は彼から大きい影響を受けているように思われる。

シーリー氏は、アメリカのニューヨーク州イサカに住み、小学校三年生のとき学校に来た養蜂家の話を聞いて以来、ミツバチに関心を持ち、高校生のときに将来はミツバチを研究する生物学者になろうと考えるようになった。そしてドイツのミツバチ学者であるリンダウアー教授の指導も受けながら、四十年以上も研究して世界的に著名なミツバチ行動学者になった人である。そのリンダウアー教授は、ミツバチの尻振りダンスを発見し、ノーベル賞を受賞したオーストリアのミツバチ行動学者フォン・フリッシュ教授の弟子である。したがってシーリー氏は、フォン・フリッシュ教授の孫弟子にあたる、根っからのミツバチ学者である。シーリー氏の著書は日本ですでに三冊、『ミツバチの生態学』（大谷剛訳：文一総合出版）、『ミツバチの知恵』（長野敬・松香光夫訳：青土社）、『ミツバチの会議』（片岡夏実訳：築地書館）が翻訳されている。

シーリー氏は、はじめ野生のミツバチの巣が野外でどれくらいの密度で存在するのかという研究上の興味から、ハチ狩りをはじめたのであったが、苦労してハチの棲む木を見つけた時の、天にも昇るような喜びから、しだいに、その魅力にのめりこんでいった。そして、四十年余りの間に、アーノットの森での二八個の巣をはじめ、それ以外のアメリカ東部の諸州やヨーロッパの国々でハチ狩りを続けた。その結果、ミツバチの巣のための適当な木のある場所で、適切な時期に試みるならば、誰にでもハチ狩りをすることができると考えて、このハチ狩りの手引書を書いたのである。もっとも、彼のような大学の研究者で比較的自由な時間があり、アーノットの森のようなよいフィールドを近くに持った人でなければハチ狩りは難しいことかもしれない。

ハチ狩りのイメージを得るには、日本の、愛知県、岐阜県、長野県などで行われている「スガレ追い」がよいだろう。「スガレ」とはクロスズメバチのことで、このハチは土の中に巣を作るが、その幼虫と蛹は煮付けたり、ご飯に炊き込んだりして珍重される。しかし、土中の巣は見つけにくい。そこで働きバチがガの幼虫などを捕まえて肉団子にして巣に持ち帰る習性を利用する。そのために、カエルの肉などに白い真綿を縛り付けてハチに与え、その真綿を目印にして林間を飛んで帰るハチを追跡して巣を発見するのである。巣は煙で燻してハチをおとなしくした上で掘り出す。

ミツバチの場合には、本書で詳しく述べているように、花に蜜を集めに来た餌採りバチをハチ箱で捕まえて砂糖蜜を与え、このハチが巣に戻るのを追って木の空洞などに作られた見つけにくい巣に到達するが、いずれも虫の行動を利用した採集法である。ただ、シーリー氏のハチ狩りは、ハチミツを奪うのが目的ではなく、その追跡の過程を楽しみ、発見したミツバチの巣は敬意をもって見守られる。これは、釣り人のキャッチ&リリースにも似た境地であろう。

ハチ狩りの方法は人類が試行錯誤の結果で到達したものであろうが、著者はそこにミツバチ行動学の知識を加えて、これをより効果的な方法へと改良している。本書では、こうした知識が、「砂糖蜜にアニスエキスの匂いをつけるのはなぜか」、「流蜜の時期を避けるのはなぜか」、「ハチはどのようにして仲間に餌の場所を知らせるのか」、「ハチはどのようにして目標を見つけるのか」、「ミツバチはどんな形の巣穴を好むか」などについて「生物学の部屋」の中で詳しく述べられている。

それでは、著者の方法を使って日本でハチ狩りができるのであろうか。

日本の山林には在来種のニホンミツバチが棲んでいる。このミツバチの最初の記録は『日本書紀』

にあり、江戸時代には養蜂が盛んに行われた。しかし、セイヨウミツバチのような「ハチ狩り」の記録は見当たらない。明治十年頃に、アメリカ経由でセイヨウミツバチの養蜂が導入されて広がり、ニホンミツバチの養蜂はあまり行われなくなったが、最近では、なかば趣味的なニホンミツバチの飼育が行われるようになっている。

私は今、仙台市北西部の丘陵地に近いマンションに住んでいるが、一昨年、四月に近所を散歩している時に雑木林の間にニホンミツバチの巣箱が二、三個置いてあるのに気がついた。入り口からは、セイヨウミツバチよりは体色が黒い成虫がしきりに出入りしていた。それから一ヶ月後の五月に、マンションの立体駐車場の隅に一万匹ほどのニホンミツバチの分蜂群があらわれて、大騒ぎになった。このハチは一晩ここで過ごしたあと、住人が刺されると危険だという管理者の判断で、防除業者によって殺虫剤を吹きかけられ、電気掃除機で吸いとられてしまった。業者の話によれば、蜂の防除は、多くはスズメバチの巣の処分だが、一年に一回ぐらいは、こうしたミツバチの分蜂群の処分も頼まれるという。

同じ年の九月に、今度は友人の紹介で、宮城県大衡村《おおひら》にあるニホンミツバチの巣箱を見に行った。ここでも雑木林のそばに巣箱が置いてあったが、その近くの太い栗の木の根元ちかくの穴に、野生のニホンミツバチが多数出入りしていた。ここでは適当な巣箱を置いておくと分蜂群が中に入るという。ニホンミツバチはセイヨウミツバチにくらべて分蜂が頻繁に起こり、巣箱に定住しにくいが、病害虫に強く、生活力は旺盛である。仙台のような都市の近くでも、意外に多数棲息しているようである。したがって、ハチ箱による追跡をしなくとも、空の巣箱を置いて、分蜂群が入るのを待つのがよいであろう。もしうまくハチが巣箱に入らなかったり、逃げたりした場合には、巣箱の条件をいろいろと変えてみるというゲームの楽しみもある。ハチミツは九月頃に一回収穫されるが、さまざまな種類の花の蜜が混じっているので「百花蜜《ひゃっかみつ》」と呼ばれ、独特の風味がある。このように趣味と実益をかねて、野生のニホンミツバチをペットのように飼って楽しむのが、日本流の「野生ミツバチとの遊び方」ではなかろうか。

この本は、ハチ狩りについての手引書にとどまらず、野生のミツバチの巣を温存すべきであることについて最後の章で強調している。その理由の一つは、野生の群れの持っている遺伝的多様性である。家畜化されたセイヨウミツバチにはミツバチヘギイタダニの媒介によるチヂレバネウイルスのような病気が発生しやすいが、野生の群れは遺伝的多様性を持っているため、これに抵抗する個体群が発達してくる。この問題はミツバチにとどまるものではないであろう。人類は多くの野生の動植物を栽培化し、その栽培面積を拡大し、野生生物の棲める領域を狭めてきた。その結果、栽培動植物は一見繁栄しているように見えるが、その遺伝的多様性が低いため、病害虫などによる被害が増大している。将来、役に立つ遺伝的資源としての野生の個体群の保全が大切であることを、著者はミツバチを例にして説いているものと思う。

訳語について、養蜂に関するものは、『養蜂技術指導手引書』（みつばち協議会）に従ったが、ハチ狩りについては、日本で行われていないことから、「ハチの木」、「ハチ箱」、「ハチ道」等の用語は、訳者が勝手に造語した。もし、もっと適切な用語がふさわしいと思われる読者がおられたら、ぜひご教示いただきたい。また、あまり一般的でない用語には［　］内に簡単な解説を付した。引用文献は一般読者には入手しがたいと思い省略した。

この本を翻訳する機会を与えられた、築地書館の土井二郎社長と、編集を担当された北村緑さんに心から感謝する。また、原稿を読み、硬くなりがちな訳文を直してくれた妻、小山晴子にもお礼を言いたい。

二〇一六年四月

小山重郎

著者紹介：

トーマス・D・シーリー〈Thomas D. Seeley〉

1952年生まれ。米国ダートマス大学卒業後、ハーバード大学でミツバチの研究により博士号を取得。現在コーネル大学生物学教授。野生ミツバチの社会行動に関する生態学研究の世界的第一人者。ミツバチの尻振りダンスを発見し、ノーベル賞を受賞したミツバチ行動学者、フォン・フリッシュ教授の孫弟子にあたる。

著書に『ミツバチの生態学』（文一総合出版 1989）、『ミツバチの知恵』（青土社 1998）、『ミツバチの会議』（築地書館 2013）などがある。

コハナバチ科の新種のハチ *Neocorynurella seeleyi* は著者にちなんで命名された。

訳者紹介：

小山重郎〈こやま・じゅうろう〉

1933年生まれ。東北大学大学院理学研究科で「コブアシヒメイエバエの群飛に関する生態学的研究」を行い、1972年に理学博士の学位を取得。1961年より秋田県農業試験場、沖縄県農業試験場、農林水産省九州農業試験場、同省四国農業試験場、同省蚕糸・昆虫農業技術研究所を歴任し、アワヨトウ、ニカメイガ、ウリミバエなどの害虫防除研究に従事し、1991年に退職。

主な著訳書に『よみがえれ黄金（クガニー）の島——ミカンコミバエ根絶の記録』（筑摩書房）、『530億匹の闘い——ウリミバエ根絶の歴史』、『昆虫飛翔のメカニズムと進化』、『IPM総論』、『昆虫と害虫——害虫防除の歴史と社会』、『母なる自然があなたを殺そうとしている』（以上、築地書館）、『害虫はなぜ生まれたのか——農薬以前から有機農業まで』（東海大学出版会）がある。

野生ミツバチとの遊び方

2016年5月30日　初版発行

著者　トーマス・D・シーリー
訳者　小山重郎
発行者　土井二郎
発行所　築地書館株式会社
〒104-0045 東京都中央区築地 7-4-4-201
TEL.03-3542-3731　FAX.03-3541-5799
http://www.tsukiji-shokan.co.jp/
振替 00110-5-19057
印刷製本　中央精版印刷株式会社
装丁　アルビレオ

 ISBN978-4-8067-1515-3